Rolando Medina Peña
Miguel Ángel Lozano E.
Rolando E. Medina Rosa

Medio Ambiente y sus Servicios ecosistémicos: Valoraciones. Tomo I

Rolando Medina Peña
Miguel Ángel Lozano E.
Rolando E. Medina Rosa

Medio Ambiente y sus Servicios ecosistémicos: Valoraciones. Tomo I

Los ecosistemas boscosos secos. Historia, filosofía y pedagogía.Acercamiento en Latinoamérica

Editorial Académica Española

Imprint
Any brand names and product names mentioned in this book are subject to trademark, brand or patent protection and are trademarks or registered trademarks of their respective holders. The use of brand names, product names, common names, trade names, product descriptions etc. even without a particular marking in this work is in no way to be construed to mean that such names may be regarded as unrestricted in respect of trademark and brand protection legislation and could thus be used by anyone.

Cover image: www.ingimage.com

Publisher:
Editorial Académica Española
is a trademark of
International Book Market Service Ltd., member of OmniScriptum Publishing Group
17 Meldrum Street, Beau Bassin 71504, Mauritius

Printed at: see last page
ISBN: 978-620-2-12951-0

Título:

Medio Ambiente y sus Servicios ecosistémicos: Valoraciones interdisciplinarias para su compresión y protección

Los ecosistemas boscosos secos. Acercamiento en Latinoamérica

Autores:

M.Sc Rolando Medina Peña

M.Sc Miguel Ángel Lozano Espinoza

Lic. Rolando Eduardo Medina de la Rosa

TOMO I

Índice

Prólogo

Con la época postindustrial se inicia la preocupación por la protección del bien jurídico *medio ambiente*, como resultado del desarrollo alcanzado y el acelerado deterioro producido al entorno. En dicha preocupación internacional, se percibe una desconexión entre la protección y los beneficios que proporcionan los ecosistemas al ser humano.

En la actualidad, los procesos que fomentan la adquisición de una conciencia sobre las verdaderas causas y daños medioambientales, siguen siendo insuficientes para preservar y revertir la crítica situación que se enfrenta.

Partiendo de lo anterior, pondremos en manos de los lectores o de los interesados en el tema, este texto, resultando la primera parte o tomo de un total de dos, que en su conjunto abordarán desde posiciones históricas, filosóficas, sociales, axiológicas, jurídicas, pedagógicas y didácticas, valoraciones importantes a conocer sobre el **Medio Ambiente y sus Servicios ecosistémicos**, con especial énfasis en los **ecosistemas boscosos secos, especialmente en la región Latinoamericana** y más específico aún, en el Ecuador.

Desde el punto de vista organizativo estas partes o tomos, abarcarán en su interior los siguientes contenidos: Parte I o Tomo I: Aborda el tratamiento teórico al problema ambiental desde su análisis epistémico. Se ofrecen argumentos desde la Filosofía, la historia, sociología y la pedagogía a partir de análisis realizados a la literatura especializada. Teniendo en cuenta las consideraciones y posturas asumidas nos acercamos a la problemática en Ecuador y objetivamente en la zona de los bosques secos.

Ya en el tomo o parte II: Brindaremos diferentes posturas doctrinales y tratamiento desde la praxis de las Ciencias Jurídicas, a la preservación del Medio Ambiente, debidamente abordadas desde los derechos tanto público como privado y específicamente en lo Constitucional, Civil, Ambiental, Penal, Tributario y Administrativo. A su vez complementaremos esta segunda parte con revisiones bibliográficas que vinculan a las Ciencias Económicas con los sistemas de pago por los servicios ambientales que prestan los bosques, dado al reconocimiento de esta acción como un método de conservación de los mismos, así como las principales invariantes de la auditoría ambiental o ecoauditoría sistémica, vistas de forma integrada en un modelo efectivo de dirección ejecutiva empresarial, basado en la responsabilidad social corporativa, concluyendo con un análisis de la normativa tributaria del Ecuador y su aporte para el desarrollo e implementación de instrumentos de impacto ambiental

Los autores, no pretendemos agotar este importante tema, solo aportaremos determinados resultados de investigaciones parciales realizadas, como parte del proyecto de investigación científica: **Fundamentos jurídico-metodológicos para la conformación de un sistema de pagos por servicios ecosistémicos (SPSE) en bosques ecuatorianos,** que sirvan como incentivo a futuras investigaciones, convencidos de que la relación hombre naturaleza a pesar de su existencia y sus actividades derivadas, trasciende los límites de lo espacial y lo temporal, comenzando a afectar a la humanidad y se instituye en un problema, que se encuentra hoy en una fase de redefinición filosófica cualitativa constante, imprescindible para de conjunto cumplir con la Agenda 2030 y los objetivos de desarrollo Sostenible, convirtiéndola en una verdadera oportunidad para América Latina y el Caribe.

Los autores

Hola, soy Severn Suzuki y represento a ECO (Environmental Children's Organization). Somos un grupo de niños de 12 y 13 años de Canadá intentando lograr un cambio: Vanessa Suttie, Morgan Geisler, Michelle Quigg y yo. Recaudamos nosotros mismos el dinero para venir aquí, a cinco mil millas, para decirles a ustedes, adultos, que deben cambiar su forma de actuar. Viniendo aquí hoy, no voy a ocultar mi objetivo; estoy luchando por mi futuro. Perder mi futuro no es como perder unas elecciones o unos puntos en el mercado de valores. Estoy aquí para hablar en nombre de todas las generaciones venideras. Estoy aquí para hablar en defensa de los niños hambrientos cuyo llanto es ignorado por todo el mundo. Estoy aquí para hablar de los incontables animales que mueren en este planeta porque no les queda donde ir.

Tengo miedo de tomar el sol debido a los agujeros en la capa de ozono. Tengo miedo de respirar el aire porque no sé qué sustancias químicas hay en él. Solía ir a pescar en Vancouver, mi hogar, con mi padre, hasta que hace unos años encontramos un pez lleno de tumores. Y ahora sebemos que animales y plantas se extinguen cada día, y desaparecen para siempre.

Durante mi vida, he soñado con ver las manadas de animales salvajes y las junglas y bosques repletos de pájaros y mariposas, pero ahora me pregunto si existirán para que mis hijos los vean también. ¿Tuvieron que preguntarse ustedes estas cosas cuando tenían mi edad? Todo esto ocurre ante nuestros ojos, y seguimos actuando como si tuviéramos todo el tiempo que quisiéramos y todas las soluciones. Sólo soy una niña y no tengo soluciones, pero quiero que se den cuenta: ustedes tampoco las tienen; no saben cómo arreglar los agujeros en nuestra capa de ozono; no saben cómo devolver los salmones a aguas no contaminadas. No saben cómo resucitar un animal extinto. Y no pueden recuperar los bosques que antes crecían donde ahora hay desiertos. Si no saben cómo arreglarlo, por favor, dejen de destruirlo.

Aquí, ustedes son seguramente delegados de gobiernos, gente de negocios, organizadores, periodistas o políticos, pero en realidad son madres y padres, hermanas y hermanos, tías y tíos, y todos ustedes son hijos.

Aún soy sólo una niña, y sé que todos somos parte de una familia formada por cinco mil millones de miembros, treinta millones de especies, y todos compartimos el mismo aire, agua y tierra. Las fronteras y los gobiernos nunca cambiarán eso.

Aún soy sólo una niña, y sé que todos estamos juntos en esto, y debemos actuar como un único mundo tras un único objetivo.
Aunque estoy enfadada, no estoy ciega, y, aunque tengo miedo, no me asusta decirle al mundo cómo me siento.

En mi país derrochamos tanto… Compramos y desechamos, compramos y desechamos, y aún así, los países del Norte no comparten con los necesitados. Incluso teniendo más que suficiente, tenemos miedo de perder nuestras riquezas si las compartimos.

En Canadá vivimos una vida privilegiada, plena de comida, agua y protección. Tenemos relojes, bicicletas, ordenadores y televisión.

V

Hace dos días, aquí en Brasil, nos sorprendimos cuando pasamos algún tiempo con unos niños que viven en la calle. Y uno de ellos nos dijo: "Desearía ser rico, y si lo fuera, daría a todos los niños de la calle comida, ropa, medicinas, un hogar, amor y afecto".

Si un niño de la calle que no tiene nada está deseoso de compartir, ¿por qué nosotros, que lo tenemos todo, somos tan codiciosos? No puedo dejar de pensar que esos niños tienen mi edad, que el lugar donde naces marca una diferencia tremenda. Yo podría ser uno de esos niños que viven en las favelas de Río; podría ser un niño muriéndose de hambre en Somalia; un niño víctima de la guerra en Oriente Medio, o un mendigo en la India.

Aún soy sólo una niña, y sé que si todo el dinero que se gasta en guerras se utilizara para acabar con la pobreza y buscar soluciones medioambientales, la Tierra sería un lugar maravilloso.
En la escuela, incluso en el jardín de infancia, nos enseñan a comportarnos en el mundo. Ustedes nos enseñan a no pelear con otros, a arreglar las cosas, a respetarnos, a enmendar nuestras acciones, a no herir a otras criaturas, a compartir y a no ser codiciosos. Entonces, ¿por qué fuera de casa se dedican a hacer las cosas que nos dicen que no hagamos?

No olviden por qué asisten a estas conferencias: lo hacen porque nosotros somos sus hijos. Están decidiendo el tipo de mundo en el que creceremos. Los padres deberían poder confortar a sus hijos diciendo: «todo va a salir bien», «esto no es el fin del mundo» y «lo estamos haciendo lo mejor que podemos». Pero no creo que puedan decirnos eso nunca más. ¿Estamos siquiera en su lista de prioridades? Mi padre siempre dice: «Eres lo que haces, no lo que dices».

Lo que hacen me provoca el llanto por las noches. Nos educan diciéndonos que nos queréis; los desafío: por favor, hagan que sus acciones reflejen sus palabras.

Gracias.

Discurso de Severn Suzuki ante la Cumbre de Medio Ambiente y Desarrollo 1992

Capítulo I.

Apuntes históricos y filosóficos sobre los servicios ecosistémicos. Introducción a los ecosistemas boscosos secos.

1.1. Armonía, Individualidad y unidad histórica de los servicios ecosistémicos de los bosques tropicales.

El avance tecnológico y su impacto durante la era posindustrial impusieron a la humanidad el cuestionamiento sobre el funcionamiento de las leyes penales las cuales sólo preservaban lo que era considerado hasta la fecha como bien jurídico. Este hecho y el impacto del *ecocidio* en los seres humanos marcan el inicio de la percepción del bien jurídico medio ambiente como objeto de protección.

A partir de estos antecedentes se precisa para la protección del entorno, la mediación punitiva del Estado. Proponer un análisis conceptual sobre el bien jurídico medio ambiente resulta crucial en el afán de establecer los límites de dicha participación. El estudio de la problemática medioambiental por parte de los juristas ha propiciado un marco teórico capaz de delimitar en dichos términos cuál sería el bien jurídico protegido, así como los autores de acciones en detrimento de la estabilidad de la naturaleza.

El ilimitado impulso científicotecnológico conduce a lo que se ha denominado como *sociedad de riesgo* y a su vez exige un dinámico tratamiento penal a estos constantes desafíos. Al referirse a este hecho en concreto Doval (1994), plantea que "*una sociedad cada vez más industrializada es una sociedad cada vez más peligrosa*".

La vida en el planeta está siendo severamente comprometida. Como consecuencia del propio desarrollo económico se percibe un profundo deterioro del medio ambiente y con ello el agotamiento de los recursos naturales. En este contexto se inserta el crucial papel de la opinión pública, la cual comienza a adoptar posturas decisivas en los asuntos que atañen al uso irracional y el deterioro de la naturaleza y con ello se produce la llamada *ecologización* de este sector.

Resulta inminente entonces que se desencadene una concientización social sobre los problemas medioambientales y con ello nazcan los primeros movimientos ecologistas. La década del 70 se ha reconocido como el momento en que estallan importantes iniciativas ambientalistas motivados por la visible destrucción desencadenada. Los principales reclamos de estos movimientos estaban encaminados a la transformación de lo que en materia de políticas ambientales se venía realizando.

Hasta esta fecha la preocupación fundamental consistía en poseer un adecuado medio ambiente para toda la humanidad. Sin embargo, no resultaba suficiente dicha motivación, sucesos impactantes acontecidos en esta época imponen acciones directas de protección ambiental.

Este nuevo enfoque comienza a evidenciarse en el ámbito internacional y en tal sentido su comunidad realiza esfuerzos por proteger el medio ambiente a través de la realización de convenciones, reuniones, cumbres, entre otros. Existe un reclamo bastante generalizado en adoptar posturas definitorias para que la humanidad no desaparezca en nombre de la búsqueda incesante de mayor desarrollo.

La evolución histórica de la regulación jurídica del Derecho ambiental comprende fundamentos en torno a la relación del hombre con la naturaleza. Se perciben en este caso dos dimensiones fundamentales: una de orden filosófico, más general, planteando que el medio ambiente y la población constituyen condiciones naturales influyentes sobre el desarrollo y la división del trabajo. Ello justifica cierta sistematización de ideas filosófico-políticas y jurídicas sobre los problemas y soluciones en el sector ambiental. Unido a ello se distingue una dimensión práctica que se concreta en el bienestar y el progreso social estrechamente unidos al aprovechamiento y conservación de los recursos, cuestiones estas que alcanzan un carácter global.

Los problemas ecológicos son planteados por la misma revolución científico-técnica y, a su vez, esta exige ideas teóricas novedosas, en correspondencia con el crecimiento acelerado de la población mundial y el grado de explotación de los recursos naturales. Las ciencias naturales están en un nivel posible de observar la concatenación causal de dichos problemas. Se trata de aprehender y generalizar ese fenómeno desde determinados presupuestos modernos, históricos, sociológicos y científico-técnicos de una teoría de la ecología global, la cual sitúa al hombre como núcleo responsable de la conservación de la diversidad biológica esencialmente porque es parte de los ecosistemas.

Del egocentrismo cientificista- tecnocrático iluminista reforzado más tarde por la Revolución Industrial del siglo XVIII en Inglaterra, el inicio mismo de una etapa cualitativamente nueva de interrelación hombre-naturaleza, debe pasarse a un fundamento que explique la conducta armónica-equilibrada y de unidad histórico-natural del hombre con la naturaleza.

Los límites de la razón, problemática tan debatida durante la existencia de la filosofía moderna y clásica alemana de un lado y, de otro, por el desarrollo industrial y sus correspondientes ciencias positivas, encuentran hoy como barrera no el carácter innato, puro u obsoleto del pensamiento, aunque se haya creído muchas veces fuera de todo límite, sino el deterioro del equilibrio biológico y ecológico más grave aún que el agotamiento de los recursos naturales llamados no renovables.

Esta necesidad pasa por la construcción impostergable de antítesis al modelo teórico y cosmovisivo egocentrista de Holbach, quien antes de Hegel, hizo girar el universo sobre su cabeza. Holbach en 1982, afirmó:

> El hombre se hace centro del universo y todo cuanto ve lo compara consigo tan pronto como cree notar un modo de obrar que tiene alguna conformidad con el suyo, o bien algún fenómeno que le interese, le

> atribuye inmediatamente una causa como la suya, que obra como él, que tiene las mismas facultades, sus mismos intereses, sus mismos proyectos y sus mismas inclinaciones, en una palabra, él mismo se pone como modelo de todo. (Holbach, 1982)

En esencia, la empresa humana estaba concebida con el carácter comercial defendida por las relaciones capitalistas de producción y explotación en ascenso. Sin embargo, esa expresión filosófica, cuya base es el interés mercantilista, contiene la antítesis buscada, al menos así podría proponerse que el hombre debe obrar de conformidad con la preservación de la diversidad biológica y, en todo caso, comprender que su existencia depende de aquella y a su vez es parte de ella.

La conducta armónico-equilibrada y la unidad histórico-natural son presupuestos de la teoría ecológica alegada en este trabajo. Implica la forma positiva a una exposición de la teoría general del proceso ecológico contemporáneo como parte consustancial del proceso histórico. Partiendo de esta posición, se ha considerado el problema desde la perspectiva socio-natural o biosociológica que posibiliten entender algunas definiciones, entre las que destacan las referentes al metabolismo[1] y la diversidad biológica.

Dado el carácter global del problema aludido, la prospectiva interdisciplinar integra la voluntad política, las ciencias y el derecho ambiental, específicamente lo referido al desarrollo teórico sobre las regulaciones jurídicas y moral (consciente) del metabolismo entre la sociedad y la naturaleza.

El proceso ecológico si bien es parte del mismo proceso histórico-natural no siempre fue concientizado o elevado al plano jurídico. La sociedad en su estado incipiente primero y, luego con la aparición del excedente de la producción base del surgimiento de la esclavitud no constreñía al hombre a

---

[1] El término metabolismo engloba las numerosas transfor- maciones químicas que ocurren en los seres vivos.

regulaciones jurídicas protectoras de la naturaleza, más bien el resultado material de toda práctica productiva constituyó el bien objeto de protección estatal.

Las relaciones de producción siempre dependientes del carácter y nivel de desarrollo de las fuerzas productivas implicaban los límites sociales de interacción hombre-naturaleza, es decir, el régimen socioeconómico ponía freno, por razones incluso de leyes del desarrollo como la ley de correspondencia anteriormente señalada, a los avances científicos y técnicos. Un ejemplo de esto lo constituyó la Ley de las XII Tablas del 450 ane resultado de las luchas de clases, pero en sus normas no se expresaba nada referente a la protección y conservación de la naturaleza.

Si bien las ciencias durante el Renacimiento y la Reforma religiosa no aprehendieron el proceso histórico-natural de evolución del hombre desde una perspectiva conservadora de la naturaleza, ni más tarde lo logra la Revolución Industrial inglesa de fines del siglo XVIII, aún impregnadas de cierta cosmovisión mecanicista, el abordaje del punto de vista ecológico aludido aquí era imposible porque todavía distaba mucho tiempo para que las condiciones de reproducción material de la vida de la especie humana fuesen puestas en entredicho.

No tiene sentido el análisis sobre si el pensamiento es un proceso mecánico sujeto a leyes físicas o si las máquinas artesanales reproducen el movimiento y la existencia de todo cuerpo natural, a la manera cartesiana. Tampoco cobra interés según la prospectiva ecológica defendida en este trabajo, las tesis raciales evolucionistas, degenerativas y atávicas planteadas por los antropólogos del siglo XVIII. Es la naturaleza la que revierte el análisis y la síntesis tradicional del pensamiento y, en tal dirección, plantea el reto de supervivencia de la especie.

A la humanidad ya casi no le queda tiempo para seguir por los senderos depredadores actuales, para pensar si el predicado está dentro o fuera del sujeto, esto es, juicios analíticos y juicios sintéticos *a priori* a la manera kantiana.

Por otro lado, menos aún puede darse el lujo esta especie pensante de descifrar el acertijo hegeliano de si es la naturaleza la que gira sobre la cabeza del hombre, o es el hombre el que gira en torno a la naturaleza. En todo caso, la segunda variante estimularía el pensamiento a proseguir el cauce natural reproductivo del ser humano. Esta posibilidad es real, en términos de regulación jurídica ambiental, para las generaciones actuales y futuras. De lo que se trata es de un disfrute del desarrollo científico-tecnológico y humanista en equilibrio armónico como parte del ecosistema.

1.1.1. Principios de la conducta armónico-equilibrada.

Los problemas ambientales tienen un alcance internacional que no distinguen los límites geoespaciales establecidos por los hombres. El impacto del efecto invernadero, las lluvias ácidas, la desertificación, el deterioro de la capa de ozono, entre otros, no es privativo sólo para aquellas naciones que más inciden en detrimento del entorno. Debido a dicho alcance todas las acciones que en materia de protección se trazan han de estar direccionadas hacia un beneficio planetario. No es casual que las principales regulaciones ambientales sean internacionales y se concreten en las políticas ambientales que trazan los Estados.

El Derecho y la posibilidad de este para combinar sus propósitos con lo político-administrativo constituye esencial a la hora de legislar sobre el medio ambiente. Permite desde su propia esencia ser el elemento que logra coordinar todo lo que en materia de política ambiental se promulgue, pues garantiza la ejecución de las normas encaminadas a la protección medioambiental.

A partir de esta premisa se establece que la política ambiental ha de estar estrechamente ligada al derecho ambiental. Este último resulta muy complejo de definir pues tiene el encargo de regular un hecho meramente social para el cual no existen todas las respuestas y que en muchas ocasiones su repercusión es mayor a cualquier norma establecida. En este caso, esta rama del derecho precisa una valoración profunda a la hora de legislar. Aunque es notoria la relevancia que ha ido adquiriendo su análisis con el tiempo, aún es considerado como un objeto jurídico de reciente atención. Unido a ello debe considerarse que cualquier acto en perjuicio del medio ambiente que encuentre normas imprecisas para su regulación abarcará siempre varios ámbitos regulatorios, lo que desencadena en muchas ocasiones, dispersión en la toma de decisiones.

Los principios cardinales de la conducta armónico-equilibrada del hombre en su relación con la naturaleza se encuentran establecidos en la Conferencia de Estocolmo convocada el 5 de junio de 1972 (Estocolmo, 1972) conocida como la Conferencia de las Naciones Unidas sobre el Medio Humano. Al respecto en esta se plantea que "*la humanidad debe* alcanzar *un criterio y unos principios comunes que ofrezcan a los pueblos del mundo inspiración y guía para preservar y mejorar el medio humano*".

A partir de esta Conferencia se emite la Declaración de Estocolmo donde se prescriben 26 principios que erigieron posteriormente lo que se conoce como Derecho Ambiental. Algunos de ellos constituyen bases del análisis y la síntesis del pensamiento crítico y creativo construìdo para este epígrafe.

1.1.1.1 El primer principio.

"E*l hombre tiene el derecho fundamental a la libertad, la igualdad y el disfrute de condiciones de vida adecuadas en un medio de calidad*".

Este permite tratar la interrelación naturaleza educación como una determinante de la conducta humana. Las actitudes, los valores y el comportamiento humanos están limitados por disposiciones genéticas y el entorno histórico-natural del desarrollo.

A los efectos del problema naturaleza-educación, asumimos que los comportamientos humanos y la organización social, o parte de ella, no están genéticamente determinados. El reduccionismo biologicista no opera en un pensamiento que entiende a partir de una teoría del proceso ecológico global el ritmo evolutivo del hombre como la habilidad para adaptarse en dependencia de la instrucción y materialización de la parte afectiva de la misma. Ello no excluye que algunos aspectos universales de la conducta humana puedan tener una base genética.

La significación del problema naturaleza-educación demanda posicionar cada elemento de su estructura dinámica y sistémica en estrecha relación con los demás. Anteriormente se afirma que la naturaleza plantea límites al desarrollo científico tecnológico si de reproducción material de la especie se trata. Esta cuestión también revierte la lógica instrumentista y positiva de las ciencias particulares e incluso de los sistemas filosóficos. Los seres vivos comportan cierta organización de sistemas imbricados en niveles físicos, químicos, neurofisiológicos, psicológicos y otros, cuya interpretación y comprensión requiere la construcción de presupuestos epistemológicos objetivos nada fáciles. Por tanto, la razón de este trabajo se encuentra enmarcada en la unidad ecológica que constituye semejante metabolismo entre la sociedad y la naturaleza.

La libertad y la igualdad entonces, conservan los paradigmas filosófico-políticos y sociopolíticos planteados en el siglo de la Ilustración francesa, pero a ese objetivo aún no alcanzado a causa de las limitantes sociales antes aludidas se le suma y ocupa al unísono en primer lugar precisamente *las condiciones de vida adecuadas en un medio de calidad* para el hombre. Aunque dicho principio centra el aspecto antropocéntrico, conforma el cimiento de comprensión de la conservación de la diversidad biológica, objeto de estudio del Derecho ambiental. Antropocéntrico en el sentido de los recursos naturales que el hombre debe, según el principio 2, preservar *en beneficio de las generaciones presentes y futuras*, o sea, exige un uso racional de esa parte de la diversidad biológica donde el principio 4 incluye la *flora y la fauna silvestre y su hábitat*.

El 28 de mayo de 1982, la Carta Mundial de la Naturaleza nace por la

Resolución No. 3707 de la Asamblea General de las Naciones Unidas, en la que se reconoce además, que:

a) la especie humana es parte de la naturaleza y la vida depende del funcionamiento ininterrumpido de los sistemas naturales que son fuente de energía y de materias nutritivas.

b) la civilización tiene sus raíces en la naturaleza, que moldeó la cultura humana e influyó en todas las obras artísticas y científicas, y de que la vida en armonía con la naturaleza ofrece al hombre posibilidades óptimas para desarrollar su capacidad creativa, descansar y ocupar su tiempo libre.

Convencida de que:

Según Fernández (1996), toda forma de vida es única y merece ser respetada, cualquiera que sea su utilidad para el hombre, y con el fin de reconocer a los demás seres vivos su valor intrínseco, el hombre ha de guiarse por un código de acción moral.

Estos pronunciamientos revelan un presupuesto fundamental: el sistema dinámico de la naturaleza entendido como la estructura o sistema de relaciones entre el hombre y ésta que conforman la realidad biosicosocial humana. Conviene precisar que cualquier investigación sobre el hombre, sea individual o tomada en grupos y etnias, tendrá un carácter polisistémico, lo cual obliga acudir a una metodología interdisciplinaria capaz de aprehender las complejas interacciones entre el hombre y los ecosistemas terrestres y marinos. Aquí siempre el énfasis radica en los componentes del medio ambiente, renovables y no renovables, asumidos por necesidades económicas, sociales y culturales sin descuido del equilibrio de los ecosistemas y la preservación de la vida en la tierra.

El Informe de la Comisión Mundial sobre el Medio Ambiente, conocida como Informe Brundtland, se refiere a la conservación de la diversidad biológica de la siguiente forma:

> *La diversidad de especies es necesaria para el funcionamiento racional de los ecosistemas y de los bosques en su conjunto. El material genético de las especies silvestres, reporta miles de millones de dólares anuales a la economía mundial en forma de especies mejoradas en vegetales comestibles, nuevos fármacos y medicamentos, y materias primas para la industria. Pero aun prescindiendo de la utilidad, hay motivos de orden moral, ético, cultural, estético y puramente científico para conservar las especies silvestres (...) La conservación de las especies no se justifica sólo desde el punto de vista económico.* (Brundtland, 1987)

El Informe Brundtland constituye el punto de partida del proceso que conduce a la Conferencia de Río celebrada del 3 al 14 de junio de 1992. A esta cita asistieron representantes de 173 Estados, 118 jefes de Estado y de Gobierno, y más de 1200 organizaciones intergubernamentales y ONG. Como documentos finales emitidos de esta Conferencia resultaron:

1. Declaración de Principios titulada “Declaración de Río sobre el Medio Ambiente y el Desarrollo”. En ella se reafirman los planteamientos de la Declaración de Estocolmo.
2. Agenda 21 o Programa 21 el cual erige un plan de acción para el desarrollo sostenible durante el siglo XXI, pretendiendo asignar responsabilidades a los gobiernos y destacando entre otros, la conservación y gestión de los recursos para el desarrollo y las dimensiones sociales y económicas del problema ambiental.
3. Declaración de Principios sobre los Bosques.
4. Dos acuerdos internacionales globales: la Convención Marco de las Naciones Unidas sobre el cambio climático y el Convenio sobre la Diversidad biológica.

El principio 1 de la Declaración de Río sobre el Medio Ambiente y el Desarrollo afirma: “*Los seres humanos constituyen el centro de las preocupaciones relacionadas con el desarrollo sostenible.Tienen derecho a una vida saludable y productiva en armonía con la naturaleza*".

Para intentar comprender el desarrollo sostenible se debe en primer lugar, situarlo dentro de una corriente de pensamiento ecológico que asume el término no solo en las dimensiones científicas y tecnológica, también desde la globalización y el mercado, mediante los cuales existe la demanda del crecimiento económico y el mejoramiento social. A esto se le incorpora un señalamiento de carácter estructural, como la pobreza y la agresión al medio ambiente.

El presidente del Banco Interamericano de Desarrollo Enrique Iglesias expuso en el discurso inaugural de la Cumbre:

> Las presiones de un desarrollo a cualquier costo, por un lado, y las presiones por la supervivencia de grandes mayorías de la población mundial sumida en la pobreza, por el otro, alimentan formas de relación del hombre con su medio que amenazan la vida misma del planeta. (Iglesias, 1996)

La idea formula el problema de la interacción armónica de la sociedad con la protección del medio ambiente, de modo que las necesidades de las generaciones actuales no deberían generar daños significativos a la diversidad biológica. Sin este equilibrio armónico el riesgo de que las necesidades de las generaciones futuras no sean satisfechas es incuestionable.

El desarrollo sostenible fue conceptualizado parcamente en Estocolmo en los Principios 2, 4 y 5, aunque tiene una percepción del ambiente tendente a cierta organización teórica y normativa referida a los subsistemas ecológicos. El Informe de Brundtland consigue elaborar un concepto más preciso de desarrollo sostenible, tal como se advierte anteriormente, abarca el derecho de conservación de la diversidad biológica por su valor *per se*.

El Preámbulo de dicho informe ilustra que la desertificación, el calentamiento global y el deterioro de la capa de ozono son graves problemas, de ahí que:

> El medio ambiente no existe como una esfera separada de las acciones humanas, las ambiciones y demás necesidades, y que las tentativas para definirlas aisladamente de las preocupaciones humanas, han hecho que la propia palabra de ´medio ambiente´ adquiera una connotación de ingenuidad en algunos círculos políticos. La palabra (...) desarrollo también ha sido reducida por algunos a una expresión muy limitada, algo así como lo que las naciones pobres deberían hacer para convertirse en ricas.Por el medio ambiente es donde vivimos todos, y el desarrollo es lo que todos hacemos al tratar de mejorar nuestra suerte en el entorno en que vivimos. (Brundtland, 1987)

1.1.1.2. El hombre es responsable del deterioro ambiental.

> Desde el espacio vemos una esfera pequeña y frágil, dominada no por la actividad y las obras humanas, sino por un conjunto de tierra, océano y espacios verdes, la incapacidad humana de encuadrar su actividad en ese conjunto está modificando, fundamentalmente, el sistema planetario. (Brundtland, 1987)

La educación ambiental tiene dicha armonía como su dirección fundamental. Este concepto engloba la diversidad biológica y el desarrollo sostenible, por ello es una educación dirigida hacia la adquisición de valores que superan la tradición filosófica y el objetivismo cientificista del positivismo. En la situación mundial actual, la ideología ocupa un lugar primordial, tanto al nivel de la racionalidad práctica y crítico-intelectual como al nivel ético de legitimación de las propias prácticas empíricas políticas, jurídicas y económicas. Estas cuestiones son mediadas por múltiples factores de carácter no sólo sociopolíticos sino psicológicos, que abarcan desde las estimaciones subconscientes hasta los estados volitivos.

Resulta indispensable comprender que se trata, en el caso de la educación referida, de una actividad dentro del proceso de educación general; es una actividad reflexiva sobre las determinaciones que, en el plano teórico-normativo y valorativo contiene las cumbres, declaraciones y protocolos antes mencionadas. El valor hermenéutico de esta perspectiva epistémica contribuye a explicar el desarrollo ulterior del reconocimiento internacional de la necesidad impostergable de preservar la diversidad biológica por su importancia para el mantenimiento de los sistemas necesarios para la vida de la biosfera.

La Declaración autorizada, sin fuerza jurídica obligatoria, de principios para un consenso mundial respecto de la ordenación, la conservación y el desarrollo sostenible de los bosques de todo tipo es una negociación impulsada por los países madereros, entre ellos, Malasia y Tailandia, con el apoyo de los países en vías de desarrollo -Grupo de los 77- realmente 137 Estados. Esta declaración abarca todos los bosques existentes, y expresa principios no jurídicamente vinculantes que se refieren a la soberanía del Estado sobre sus recursos madereros y otras cuestiones de comercio internacional, por tanto, es parco y limitado. La relevancia ecológica, histórico-natural y cultural del manejo equilibrado de los bosques está prácticamente ausente. (Fernández, 1996)

El convenio sobre la lucha contra la desertificación del 17 de junio de 1994, entrado en vigor el 26 de diciembre de 1996 y suscrita por 50 Estados fue un resultado de la iniciativa de los países africanos en la Conferencia de Río. Ante tal convenio es de entender que las áreas deforestadas deben ser transformadas en áreas con condiciones para la actividad forestal de ser posible. La protección incluye además, los recursos renovables asociados a las superficies objeto de protección, sin perjuicio de actividades productivas.

El Informe Brundtland ya se refería al derecho de la diversidad biológica según lo antes dicho y, de forma categórica, advertía que *"esa diversidad es necesaria para el funcionamiento racional de los ecosistemas y de los bosques en su conjunto"* (ONU, 1987). Los bosques están dentro de una determinada extensión territorial donde existen interacciones de los seres vivos entre sí y con el medio físico o químico. Las selvas tropicales sustentan el 50% de las especies de la flora y la fauna terrestres, con solo el 6 % de la superficie terrestre.

De igual modo, el Informe detalla los peligros reales y los retos del desarrollo sostenible 15 años después de la mencionada Conferencia de Estocolmo:

> La tendencia del medio ambiente que amenaza con modificar radicalmente el planeta, que amenaza la vida de muchas de sus especies, incluida la humana. Cada año 6 millones de hectáreas de tierra productiva se convierte en estéril desierto (...) anualmente se destruyen más de 11 millones de hectáreas de bosques (...) en Europa la lluvia ácida mata bosques y lagos, daña el patrimonio artístico cultural de las naciones a tal punto que vastas extensiones de tierra acidificadas no podrán recuperarse. (ONU, 1987)

El Congreso de Londres señaló 54 años antes del Informe de Brundtland y casi 60 antes de la Cumbre de Río, la necesidad de adoptar medidas claves para la protección mundial de las especies. Como antecedentes fundamentales se encuentran el Congreso Internacional de Silvicultura de 1923 en París y 1926 en Roma. Países como Australia, Nueva Zelandia, Japón, Estados Unidos, Holanda, Inglaterra, Dinamarca, Suiza, Suecia, Alemania y Francia inspirados en esos congresos crearon parques nacionales, reservas forestales y refugios de caza. Sin embargo, la pérdida de la diversidad biológica y la degradación de los bosques actualmente plantean retos mayores, el principal de todos es la supervivencia de la especie humana.

Existen diversas organizaciones internacionales ambientalistas pero definitivamente el Derecho Ambiental Internacional (DAI) está sujeto a la existencia de un mundo que, según Juste Ruiz (1998), el cual expresara "*es ecológicamente único, pero que está políticamente compartido*".

La elaboración del DAI es flexible y se manifiesta en normas nacidas de convenios de codificación, también formulados en instrumentos sin fuerza jurídica vinculante, tales como: declaraciones, resoluciones, programas, estrategias, actas de conferencias internacionales y otros. El DAI se apoya en los Estados, los cuales toman decisiones sobre la aplicación de las propias reglas convenidas.

Existen formas atenuadas de responsabilidad, la llamada *soft responsability*, y por otra parte también se encuentran los mecanismos de solución de controversias de carácter informal, en los que predomina la preferencia por la negociación diplomática, conciliación, instancias de concertación, entre otros. Pese a esas formas atenuadas de reparación de daños ambientales, el principio de Evaluación del impacto ambiental regula la acción internacional. Este principio se consagró en la Carta Mundial de la Naturaleza de 1982, principio 11 apartados b y c. En el primer caso expresa que las actividades que entrañan graves peligros para la naturaleza serán precedidas de un examen a fondo y el segundo plantea que las actividades que puedan perturbar la Naturaleza serán precedidas de una evaluación de sus consecuencias y se realizarán estudios de los efectos que pueden tener los proyectos de desarrollo sobre la misma.

La pretensión por establecer una tipificación de los principales delitos ambientales se encuentra limitada por los problemas de contaminación y decadencia de los ecosistemas al interior de cada uno de los países, toda vez que resulta muy complejo precisar las responsabilidades en estos hechos, ya sea por parte de personas físicas o jurídicas.

1.1.2. Generalidades del derecho penal del medio ambiente.

Desde el punto de vista práctico y doctrinal el derecho penal del medio ambiente y el derecho administrativo mantienen una estrecha relación. Todo lo que respecta al ambiente, su uso, preservación y protección encuentran numerosas regulaciones desde el derecho administrativo el cual además de contener la política ambiental del Estado, sostiene una serie de elementos propios del desarrollo de la técnica.

El derecho penal del medio ambiente mantiene como referente obligatorio al derecho administrativo.Resulta una garantía para la ciudadanía contar con un marco regulatorio capaz de verificar su culpabilidad o no en un hecho si se ha mantenido apegado a lo que desde lo administrativo ha sido normado.

Para que una legislación sobre el medio ambiente sea capaz de abarcar todo el alcance de este y a su vez ser lo suficientemente eficaz ha de tomar en cuenta desde el derecho penal solo a aquellos daños de mayor perjuicio al bien jurídico, reduciéndose sólo a las personas jurídicas o colectivos, así como a una persona física que incurra en delitos graves. Esta delimitación posibilita el ejercicio de un derecho penal de extrema *ratio* que sustente la imposición de la pena.

Ante los hechos delictivos sobre el medio ambiente se reconoce la capacidad del derecho penal para accionar con su doble carácter represivo preventivo para la protección de estos bienes jurídicos. Aunque se ha reconocido anteriormente que aplicar la ley ante delitos ecológicos resulta complejo, el hecho de que sea el derecho penal quien acoja tal responsabilidad dice mucho de su capacidad para mediar en estos.

En el estudio a los terribles perjuicios que se le causan al ambiente se introduce el concepto ¨daño ecológico¨ cuando ante la gravedad del hecho en sí, debe intervenir lo regulado por el derecho penal ambiental. Autores como Núñez y Hernández, definen este hecho como:

> Toda lesión o menoscabo del derecho individual o colectivo a la conservación de las condiciones de vida o la naturaleza. Esta degradación del medio ambiente es un hecho social, porque es la consecuencia mediata o inmediata de la intervención del hombre en la administración de los recursos naturales, y que afecta intereses difusos o colectivos. (Nuñez, Hernandez, 2016)

La indemnización económica y ecológica de los perjuicios ambientales no debe reducirse al simple hecho de resarcir el valor del bien afectado. Esta solución no tendría un alcance verdadero en el tratamiento a la afectación. Si bien es cierto que resulta una forma de reparar el daño, no se trata de una cuestión que pueda ser resuelta exclusivamente de forma monetaria, lo más significativo sería recuperar el ecosistema dañado.

La pena en el derecho penal ecológico no debe estar enfocada hacia las personas físicas sino más bien hacia los grupos que representan múltiples intereses. Los individuos ante un hecho de menoscabo al ambiente, son movidos y representan los intereses -fundamentalmente de tipo económico- de colectividades. Se conoce que la permanencia de las personas en las organizaciones fluctúa, pero el interés económico de éstas suele permanecer en el tiempo, por tanto es hacia ellas donde debe dirigirse el accionar del derecho penal ambiental.

1.1.3. Introducciòn a los servicios ecosistémicos de los bosques tropicales.

Resultan incuestionables los beneficios que brindan los ecosistemas existentes en el planeta. En el caso particular de los bosques tropicales estos resultan de la relación e interacción de componentes abióticos y bióticos de los ecosistemas (Millennium Ecosystem Assessment, 2003; Boyd & Banzhaf, 2007). Al analizar esta problemática se hace necesario introducir el término ¨servicios¨ el cual persigue explicitar todos aquellos beneficios que el ser humano obtiene de los ecosistemas.

La atención académica sobre este tema es de reciente incursión en el campo de la ciencia. Se plantea que el término se introduce en el año 1997 con la publicación de *"los beneficios de la naturaleza"* (Daily, 1997). La propuesta de dicho concepto alcanza un gran impacto en el mundo académico por reconocer al conjunto de actores que se encuentra en torno a los ecosistemas, sobre todo a aquellos que conspiran en detrimento de los mismos provocando serias alteraciones en su funcionamiento y con ello el perjuicio al bienestar social.

A partir del año 2002 comienza a implementarse a nivel mundial lo que se ha denominado como Evaluación de los Ecosistemas del Milenio (Millennium Ecosystem Assessment, 2005) motivada en gran medida por la creciente preocupación por los servicios ecosistémicos. Dicha iniciativa ha estado encaminada a demostrar que las alteraciones producidas en los mismos repercuten directamente en el bienestar de los seres humanos. Esta práctica ha derivado en resultados tangibles como son la propuesta de una teorización sobre la cuestión, documentación necesaria para su comprensión y protección, así como los resultados que se obtienen paulatinamente en esta iniciativa. Unido a ello es significativo destacar la amplia participación de expertos de numerosos países y diversos sectores sociales.

La comprensión y estudio de los servicios ecosistémicos ha motivado un amplio conjunto de definiciones y teorías sobre los mismos. Aunque resulta diverso el origen, esencia y contexto de esta teorización se ha de señalar que en su mayoría coinciden en que son los beneficios brindados por los ecosistemas a la sociedad. Reducir el término a este planteamiento sería abordarlo de manera muy elemental. Autores como Quijas, Schmid & Balvanera (2010), lo enuncian de manera más precisa al plantear que *los servicios ecosistémicos son los componentes de los ecosistemas que se consumen directamente, que se disfrutan, o que contribuyen, a través de interacciones entre ellos, a generar condiciones adecuadas para el bienestar humano*.

Los servicios ecosistémicos que los bosques tropicales proporcionan a las sociedades están identificados en tres categorías fundamentales: los de suministro, de regulación y los culturales.

Los servicios de suministro de mayor importancia que ofrecen los bosques tropicales son los que benefician a los dueños o a aquellos que tienen la responsabilidad de manejarlos. La flora y fauna que habita en estos espacios constituye una fuente muy rica en alimentos, medicinas, energía, materias primas para diversos sectores, control de plagas, usos ornamentales, entre otros.

Por su parte los servicios de regulación juegan un papel trascendental en el bienestar de la humanidad, pues en ellos recae en gran medida el control climático del planeta y su impacto. Uno de los hechos en los que se constata su incidencia favorable es ante el impacto de eventos naturales externos

(Philpott, Lin, Jha & Brines, 2008).

Los servicios culturales que brindan los bosques tropicales están ligados directamente a las poblaciones que en ellos habitan y a los que eventualmente los visitan. Se trata de beneficios intangibles pero que han sido vitales en la conformación de identidades culturales, así como en la riqueza y diversidad que prevalece en el escenario cultural universal.

Las prácticas culturales desarrolladas en zonas selváticas jugaron un papel trascendental en algunas culturas milenarias de Mesoamérica y la Amazonía.

Elementos mágico-religiosos están presentes en la relación que se ha establecido en el propio manejo de estos espacios, no es inusual encontrar la creencia en seres míticos que cumplen funciones de conservación y protección de estos recursos. Los grupos culturales asentados en los bosques han creado un sentido de pertenencia colectivo que vinculan su modo de vida a la significación que han otorgado a los mismos.

Otro aspecto identificado como servicio cultural es el reconocimiento de las cualidades estéticas de los bosques tropicales por su vinculación a sentimientos de paz, armonía, pureza, entre otros (Castillo, Magaña, Pujadas, Martínez & Godínez, 2005).

En la actualidad existe una acción consciente para pretender elevar la calidad de vida de las sociedades al modificar los bosques tropicales y con ello conseguir servicios ecosistémicos en su mayoría de suministro. En ese caso destacan las acciones para convertir estos espacios en zonas de cultivos, pastoreo, entre otros.

En este punto ha de analizarse otro aspecto medular y es el que tiene que ver con los factores sociales y su condicionamiento en la toma de decisiones sobre la transformación de los ecosistemas. Todo lo que en materia de políticas públicas se decida en torno al uso de los bosques tropicales incide en la percepción social que se tenga de los mismos. Reconocer que terrenos ocupados por bosques pudieran ser mejor aprovechados en otro tipo de actividad, es uno de los impactos más visibles sobre la percepción que se tiene sobre las funciones que cumplen estos minimizando las verdaderas potencialidades que poseen (Dalle, De Blois, Caballero & Johns, 2006).

Existen realidades que no se deben desconocer y en ese sentido el crecimiento poblacional, la creación de infraestructuras y la necesidad de alimentos para suplir la cada vez mayor demanda de estos, imponen retos importantes al mantenimiento de los bosques y con ello de sus servicios ecosistémicos (Geist & Lambin, 2002).

Ante estas circunstancias existe aún la posibilidad de realizar acciones que posibiliten mantener o recuperar los servicios ecosistémicos de los bosques tropicales. La restauración posibilita rescatar y conservar parte de la biodiversidad que allí existe y en la medida que el daño provocado sea mayor o menor será la intensidad de la misma. Los resultados de este tipo de acciones hasta la fecha arrojan impactos positivos sobre todo en aquellas zonas que aún no habían sido degradadas totalmente.

Otro tipo de intervención puede estar dirigida desde el ámbito educativo logrando involucrar a diversas instituciones en la misma. En este caso lo esencial sería dar a conocer y concientizar sobre los servicios que brindan los ecosistemas para que las instituciones participen con mayor firmeza en la toma de decisiones en favor de los mismos.

Existen también las intervenciones económicas o financieras que permiten compensar por los servicios que ofrecen a los propietarios de dichos ecosistemas. Este tipo de intervención contiene una intención de que no se transformen estas propiedades en áreas destinadas a las producciones agrícolas o pecuarias y para ello se le realiza un pago equivalente a lo que los dueños percibirían si modificaran dicha área (Wunder, Wertz-Kanounnikoff & Moreno-Sánchez, 2007).

Ante esta problemática se reconoce que lograr este propósito no depende solamente de cuestiones ecológicas sino de una comprensión y coherencia entre los propietarios, sus intereses y decisiones en cuanto al manejo de los bosques (Bullock, Aronson, Newton, Pywell & Rey-Benayas, 2011). Diversos puntos de vistas econonómicos, financieros o contables en sentido general lo abordaremos en el tomo II, capìtulo IV.

1.2. Filosofía y medio ambiente: espisteme a la problemática ambiental.

La sociedad en su desarrollo histórico y en correspondencia con sus formas de organización productiva, política y social, transita en cada época por circunstancias que le connotan determinado grado de complejidad. Si bien, en su desarrollo, la humanidad ha logrado avances importantes; también se ha enfrentado a períodos tensos de agudización de contradicciones, crisis que se reflejan no sólo en los modelos de desarrollo económico-productivos, y en los sistemas políticos, sino también en sistema de valores, normas morales, teorías y paradigmas científicos.

La problemática ambiental manifiesta de manera peculiar esta tendencia, una vez que ella aparece en la realidad a través de una serie de fenómenos particulares, diversos, los que a su vez presentan características globales. Muchos son los criterios en relación a estos fenómenos, los que se abordan indistintamente según sus niveles de impacto. Se coincide por estudiosos del tema que, los problemas ambientales son el resultado de la acción antropógena, acumulada a niveles tales que perturba los ritmos de auto recuperación propia de la naturaleza.

En la actualidad las zonas boscosas de la mayoría de los países se encuentran en un estado crítico de existencia, téngase en consideración que el factor tiempo es decisivo en su recuperación, mantenimiento y conservación. Este aspecto, unido a la disminución de su productividad hace que los servicios ambientales no se valoren por su abundante existencia. De manera que la productividad de los bosques ha disminuido a índices, que lo que en un principio era cuantioso para los niveles que se requerían en materia de desarrollo socio-económico, en estos momentos se encuentra afectado a tal punto que atenta contra toda posibilidad de subsistencia de la especie humana, lo que se agudiza si se tiene en cuenta las consecuencias que generan los cambios climáticos a escala global.

La problemática ambiental en particular y la crisis que representa pone en juego el presente y el futuro, convirtiéndonos en agentes presenciales y activos de un cuestionamiento vital para la humanidad: el deterioro de la calidad de la vida y por consecuencia, su propia supervivencia. Nunca antes en la historia, el hombre había tenido tantos alcances sobre la naturaleza (conocimiento y posibilidades de transformación práctica) bajo una Revolución Científico-Tecnológica de tal magnitud y velocidad, y contradictoriamente, nunca antes se había sentido tan presionado por los efectos de reacción de la naturaleza derivados de su propia acción.

Ecuador mantiene un interés importante en preservar los espacios naturales que le ubican como uno de los países con mayor diversidad del planeta. Las razones se sostienen en que es el primer país mega diverso del mundo, segundo en diversidad de vertebrados endémico, tercer país con diversidad de anfibios, cuarto en diversidad de aves y pájaros, quinto en diversidad de mariposas papilónicas. Además, cuenta con poblaciones indígenas con culturas milenarias como los Shuar, Kichwas, Cofanes, Secoyas, Sionas, Huaoranis, Chachis, Ashuar, los Pueblos no contactados Tagaeri, Taromenane y un sinnúmero de pueblos que le confieren su estatus constitucional de Estado Plurinacional, pluricultural y multiétnico. El bosque seco ecuatoriano es considerado un área de gran importancia biológica, debido al número de especies de fauna y flora y altos niveles de endemismo presentes, razón por la cual y por el impacto de las actividades humanas, ha sido clasificado como una ecoregión con la prioridad máxima regional de conservación.

El daño ambiental afecta los ecosistemas, la biodiversidad, y la salud, y en muchas ocasiones perjudica los derechos subjetivos de una pluralidad de sujetos, los cuales pueden ser de fácil o difícil individualización, dependiendo del tipo y gravedad del daño acontecido, siendo en la mayoría de los casos la comunidad como un todo la afectada, asistiéndole a todos y cada uno de los sujetos que la conforman. Es por ello que todo régimen de responsabilidad ambiental debe estar basado en los principios del derecho ambiental.

Uno de los temas que ha cobrado interés en la última década dentro del sistema jurídico ambiental de manera general y en Ecuador en particular, es el establecimiento de acciones para reparar los daños cometidos en contra de la naturaleza. La protección jurídica del medio ambiente es hoy una necesidad universalmente reconocida. Evidentemente, ante un mundo de crisis, surgen alternativas, ideas, esperanzas, y es en este contexto, de búsqueda constante de alternativas de solución, donde se cuestiona la racionalidad económica de las prácticas productivas dominantes respecto al uso de los recursos naturales, y cobra especial significación, como centro de reflexión teórica, los problemas relacionados con el desarrollo y más concretamente la relación medio ambiente desarrollo, a partir de que comienza a tomar fuerza la idea de una concepción del desarrollo, que busque soluciones a los problemas del mismo y considere las alteraciones que sobre el medio ambiente natural se derivan como resultado de la acción humana.

Si bien la discusión sobre la problemática ambiental adquiere una dimensión pública, no es menos cierto que su discusión teórica en el ámbito académico tiene una gran importancia en la medida en que las políticas de desarrollo y ambientales se sustenten efectivamente en los resultados del trabajo científico. Tanto en uno como en el otro contexto la problemática se ha ido complejizando ya no sólo por las múltiples aristas que involucra, sino también porque su análisis es escenario de contradicciones entre diferentes intereses, puntos de vista e ideologías, y el tratamiento teórico que se hace de la misma, se ha ido conformando en el contexto de diferentes ciencias particulares.

Esta dispersión del conocimiento hace que los investigadores lleguen a las conclusiones más disímiles, inverosímiles y controvertidas en el pensamiento teórico, que van desde posiciones muy optimistas sobre el asunto, hasta las más catastróficas e imprevisibles; desde las localistas hasta las globalistas, desde las ecocentristas y biocentristas hasta las antropocentristas, que expresan en última instancia cuestionamientos de orden cosmovisivo, de ahí que, la problemática trasciende el campo de las ciencias particulares para ubicarse en el contexto de la reflexión filosófica y cuyo tratamiento teórico actual demanda la construcción de un nuevo paradigma, que superando el carácter departamental del conocimiento teórico, la conceptualice desde una perspectiva diferente, real, objetiva y bajo un sistema de valores distinto.

De hecho, la Filosofía siempre ha estado vinculada al conocimiento científico y ha sido expresión también de las diferentes cosmovisiones del mundo que han caracterizado las comunidades humanas en el tiempo, en tanto su reflexión gira en torno a los problemas de la relación hombre-mundo. La problemática ambiental tal y como se formula hoy en día, suscita el replanteamiento filosófico de esta relación, lo cual a su vez constituye una condición indispensable para lograr la intelección integral que demanda el abordaje científico de esta problemática.

No obstante, hay que destacar que el caso ecuatoriano es muy particular debido a que el desarrollo del derecho ambiental va más allá dela protección de los espacios naturales y se sitúa como una de las pioneras constituciones latinoamericanas en garantizar derechos a la naturaleza rompiendo con el esquema de visión antropocentrista del ambiente para pasar a una visión biocentrista del desarrollo. Esta disposición implica una nueva visión en la relación que debe existir entre la naturaleza y el desarrollo económico. Hay que considerar que un tema principal en la dinámica de relación economía, ambiente y sociedad de la actual constitución ecuatoriana es la del principio rector del “sumak kawsay” o “buen vivir” que establece la relación armoniosa entre las tres relaciones de modo que no sólo se garantice una sostenibilidad para la población humana sino para la naturaleza misma como sujeto de derechos.

En el mundo se han establecido paradigmas en el estudio y valoración de los servicios ecosistémicos que marcan su estatus actual internacional del tema. Todas las personas del mundo dependen por completo de los ecosistemas de la Tierra y de los servicios que éstos proporcionan, pero en el último siglo las actividades humanas, como los cambios de usos del suelo, la alteración de los ciclos biogeoquímicos, la destrucción y fragmentación de hábitats o la introducción de especies exóticas, han tenido impactos muy significativos en la estructura, composición y función de los ecosistemas naturales en tal forma que todos los ecosistemas del planeta han resultado alterados en mayor o menor medida, y de una forma más rápida y extensa que en ningún otro período de tiempo con el que se pueda comparar. Los cambios en la biodiversidad como consecuencia de dichas acciones, repercuten directa o indirectamente en el bienestar humano, ya que comprometen el funcionamiento de los ecosistemas y su capacidad de generar servicios esenciales para la sociedad.

Los ecosistemas normalmente son explotados para obtener prioritariamente uno o varios servicios, normalmente a expensas de otro. De esta forma, muchos servicios de los ecosistemas se han degradado como consecuencia de actuaciones llevadas a cabo para aumentar el suministro de otros servicios, como los alimentos. Por ejemplo, la intensificación de la agricultura puede satisfacer las demandas locales de producción de alimentos, pero también puede implicar la destrucción de bosques para sustituirlos por tierras de cultivo. Esto supone una reducción del suministro de madera, la disminución de la biodiversidad y la contaminación de las aguas de los ríos que afectaría a las pesquerías y al abastecimiento de agua de calidad.

Durante la primera conferencia ministerial para la protección del bosque en Europa, en Stausburg, Francia (Ministerial, 1990), se comenzó a tratar el tema de criterios e indicadores con el fin de uniformar los datos para la valoración del manejo de sostenibilidad de los bosques. Los análisis que se realizan desde diferentes ciencias permiten demostrar que los bosques, al brindar estos bienes y servicios, está propiciando la existencia de determinados recursos, que finalmente permiten, asegurar la existencia de la calidad de vida de una gran cantidad de especies. Los servicios prestados por el bosque deben tener valor de cambio, valor, tiempo de trabajo socialmente necesario para la producción de un determinado valor de uso, este es uno de los marcos donde se debe demostrar si existen, aunque no se haya visto así hasta el presente.

En la actualidad se trabaja en cuencas andinas (en Colombia, Perú y Ecuador) cuantificando y valorando externalidades ambientales con el fin de buscar alternativas que modifiquen las externalidades negativas (ej. baja disponibilidad de agua en época seca, aumento de sedimentos, etc.). En esta tarea se pretende determinar, cuál es el impacto sobre las externalidades bajo diferentes usos de la tierra (actual y potencial), locual permite priorizar en una cuenca cuáles son las zonas que tienen un mayor potencial de impacto sobre las externalidades y hacia dónde deben orientarse los recursos dentro de la cuenca para propiciar un cambio en uso o manejo de la tierra.

En la Resolución aprobada por la Asamblea General de la ONU, conocida como Declaración del Milenio (Milenio, 2005), se reconoce dentro de los valores fundamentales del siglo XXI, el respeto de la naturaleza. Para lo cual se hace necesario según sus esencias, la necesidad de actuar con prudencia en la gestión y ordenación de todas las especies vivas y todos los recursos naturales, conforme a los preceptos del desarrollo sostenible. Sólo así se podrá conservar y transmitir a las nuevas generaciones las inconmensurables riquezas que brinda la naturaleza.

La evaluación de la contaminación, el estudio del deterioro de los ecosistemas y los efectos negativos de las acciones que el hombre realiza sobre su entorno han dado paso al estudio de las normas e instituciones que regulan la relación hombre-naturaleza. La forma en que una sociedad determine cómo han de usarse sus recursos naturales, estableciendo los límites de lo permitido y de lo prohibido, tendrá gran incidencia sobre ellos. Es por ello que en el campo del Derecho, existe preocupación por la protección que el ordenamiento jurídico hace del medio ambiente.

Así, el derecho al medio ambiente se instituye en lo que la teoría de los derechos humanos se denomina "derecho de tercera generación" y son reflejo de la concepción de la vida en comunidad y de los esfuerzos conjuntos de toda la sociedad, ya sean los individuos, el estado, las entidades públicas y privadas y la comunidad internacional. Según el Programa Fortalecimiento del Manejo Sostenible de los Recursos Naturales en las Áreas Protegidas de América Latina de la de la Organización de las Naciones Unidas para la Agricultura y la Alimentación (FAO, 2012), las áreas protegidas de América Latina han aumentado notablemente en las últimas décadas, así como también, los numerosos servicios ambientales que proveen a la sociedad. No obstante, la ausencia de recursos financieros para el manejo adecuado de las áreas protegidas está amenazando estos ecosistemas y la continuación de la provisión de los servicios que ellos generan. Esta situación es producida debido a la inadecuada valoración de los servicios aportados por la naturaleza, lo que pone en peligro el flujo sostenido de los servicios en el tiempo.

El pago por los servicios ambientales (PSA) que generan las áreas protegidas es una herramienta que internaliza el valor que poseen los servicios ambientales, a través del pago de quienes mantengan el uso de la tierra mediante actividades sustentables.

Derivado del análisis anterior, los problemas teóricos y epistemológicos que hoy se cuestionan en relación a lo ambiental, derivan de un largo proceso de hechos, acontecimientos y teorías que se enlazan en un tronco común, a pesar de la diversidad de formas de expresión y manifestación en que estos se presentan. Es cierto que en las circunstancias actuales, hay una complejización de la problemática dado por el serio deterioro que ha sufrido el planeta con sus correspondientes consecuencias negativas para la vida en general y la especie humana en particular, pero tanto en la realidad social como en el pensamiento teórico, la cuestión ambiental no es solo un problema de la contemporaneidad.

La literatura filosófica sobre el tema es abundante, comenzando por los textos clásicos de la Filosofía desde la antigüedad hasta nuestros días. La relación hombre-naturaleza llega incluso a tener un tratamiento en ocasiones implícito o explícitamente en el contexto de las preocupación filosófica ya no sólo de carácter antropológico, sino también de carácter ontológico, gnoseológico, axiológico y metodológico. Tradicionalmente, la discusión en torno a esta problemática ha estado matizada por las diferentes posiciones filosóficas como el materialismo, idealismo, monismo, dualismo, escepticismo, positivismo, existencialismo, antropología filosófica, funcionalismo, etc.

La Dialéctica Materialista no es sólo esa alternativa metodológica, sino el enfoque filosófico que va a estar presente a lo largo de todo el trabajo, en su estructura y lógica interna. Esta Tiene como antecedentes un conjunto de pensadores que desde los presupuestos metodológicos del Marxismo, sin ser necesariamente marxistas, realizan contribuciones importantes al conocimiento teórico de la problemática ambiental, tal es el caso de Enrique Leff que ha propuesto el concepto de formación socio ambiental, basándose en el concepto de formación económico social de Marx, el concepto de racionalidad de Max Weber y el concepto de formación discursiva de Michael Foucault (Leff, 1997). Ángel Maya, por su parte realiza una contribución a la comprensión de la problemática ambiental desde la perspectiva histórica, haciendo uso del método de análisis dialéctico de lo histórico y lo lógico, aportando así una reconstrucción importante de la historia de la relación hombre-naturaleza desde la perspectiva ambiental (Ángel Maya, 1995), entre otros.

La incorporación de la Dialéctica Materialista en la interpretación de este fenómeno es de extraordinaria importancia en la lucha ideológica contemporánea por dos razones esenciales:

- La crisis del Socialismo de finales de los 80's y durante los 90's, derivó en un cuestionamiento serio sobre la concepción marxista, de sus valores teóricos, metodológicos e ideológicos, sobre todo por la absolutización y dogmatización que se realizó respecto a su teoría de la sociedad y la dicotomía que a partir de ello se generó respecto al método; y también, por la absolutización de un modelo particular de construcción del Socialismo, en este caso el Soviético, que se extrapoló como la alternativa ideal, posible y perfecta de realización práctica de la teoría.

Teniendo en cuenta estos antecedentes, en el trabajo se pretende rescatar y resaltar, por un lado, los valores metodológicos de la Dialéctica Materialista en su interpretación de la realidad, como método y concepción del mundo, que a su vez lo es en la medida en que logra vincularse y concretarse en los postulados de la ciencia contemporánea. Se considera que el enfoque Dialéctico, ofrece su origen en la dinámica de conflicto que caracteriza el proceso de interrelaciones entre la sociedad y la naturaleza.

En la búsqueda de nociones básicas que nos permitan sustentar el discurso ambiental, nos apoyamos en algunos principios esenciales de la Dialéctica Materialista como sistema: el principio de la unidad material del mundo, el principio del desarrollo y el principio de la práctica.

La Dialéctica Materialista como método para la comprensión de la problemática ambiental, su perspectiva se direcciona en lo esencial a los siguientes elementos:

- Comprender el proceso a través del cual lo ambiental se conforma como cualidad en la realidad concreta y el proceso a través del cual el conocimiento aprehende esa realidad en forma de leyes, principios y categorías hacia la concreción de su esencia en el pensamiento.
- Lograr una concreción de las múltiples determinaciones del objeto como totalidad y por tanto, la visión de integralidad que se está pretendiendo en el desarrollo del conocimiento de este objeto, es decir, "lo ambiental".
- Descubrir la esencia de la dinámica de cambio del objeto, dado en sus contradicciones internas y por tanto, la causa real que está determinando la agudización de su problemática actual.
- Establecer conclusiones teóricas importantes del objeto para lograr el trabajo intercientífico que exige y demanda el conocimiento disciplinario particular desde hace ya algunas décadas.

Partiendo de su concepción del desarrollo, la Dialéctica se opone a la extrapolación de leyes que rigen en niveles de complejidad concretos de lo material a niveles superiores de complejidad, y en ese sentido es que nos basamos para afirmar que, no podemos extrapolar las leyes de lo ecológico y puramente biológico al estudio de un nivel cualitativamente distinto de organización de lo material con cierto grado de complejidad.

Consecuentemente, esta visión nos hace suponer que el problema ambiental, en tanto sus manifestaciones concretas y la manera en que está afectando la dinámica del desarrollo natural y social, es un problema del desarrollo y es por tanto, en el desarrollo (social) donde debemos buscar su esencialidad, sus contradicciones y posibles soluciones.

Al analizar obligatoriamente la interrelación dialéctica entre las ciencias filosóficas y jurídicas, posibilitan hoy día utilizar sus sostén conceptual para continuar delimitando y regulando la utilización de los servicios ecosistémicos en los bosques secos ecuatorianos, debiendo resolver incluso las falencias tributarias ambientales que permitan establecer las formas de pago y tributo por indemnización o uso irracional para su establecimiento, mantenimiento y conservación.

Este resultado toma como punto de partida los fundamentos epistemológicos que se asumen desde la Filosofía Dialéctica Materialista y los estudios realizados desde la doctrina jurídica sobre temas relacionados con el sustento de los Servicios Ecosistémicos que proporcionan los bosques, específicamente de los derechos constitucionales, administrativos, tributarios y ambientales.

Desde este análisis y comprensión la problemática ambiental desde el pensamiento teórico permite un acercamiento a la relación sociedad-naturaleza y en su contexto. El cuestionamiento actual no es totalmente nuevo, sino que tiene sus antecedentes en la propia continuidad lógica del conocimiento humano y segundo, de que la problemática en sí se ha ido complejizando con el desarrollo de la sociedad humana y coexisten hoy una serie de enfoques, visiones particulares, alternativas de solución, puntos de vista, etc diversos, que intentan explicar el fenómeno pero que se identifican por presentar un elemento en común: lo hacen de forma parcializada o bien desde el ángulo de las leyes sociales o desde las naturales, o en su lugar, intentan una integración del conocimiento que reiteradamente no supera la sumatoria de los elementos que se analizan, faltando la integración teórica real que se requiere para el análisis de la misma.

Si se tiene en consideración el presupuesto de que el método es inseparable de la teoría y toda concepción científica tiene un fundamento de carácter filosófico; habría que determinar qué concepciones filosóficas se encuentran en la base de los discursos ambientales contemporáneos y por ende, qué métodos filosóficos generales matizan esas interpretaciones. Es por ello que se asume que el tratamiento al tema ambiental desde un análisis dialéctico materialista implica la articulación coherente desde la multidisciplinariedad, la interdisciplinariedad, y la transdisciplinariedad.

Un análisis preliminar de los postulados que hoy sustentan las ciencias particulares, así como de las propuestas interdisciplinarias y alternativas de desarrollo existentes, nos lleva a considerar que en lo ambiental se hace necesario trascender las limitantes que imponen algunos de estos enfoques filosóficos tal es el caso del positivismo, tan arraigado en las comunidades científicas desde que surge y hasta hoy en sus diversas variantes (Empirismo Lógico del Círculo de Viena, dentro del Pos positivismo el Racionalismo Crítico, la Escuela Histórica y el Realismo Científico).

Independientemente de las especificidades que estas presentan y que las distinguen como tendencias dentro de esta corriente de pensamiento, en sentido general, se puede apreciar una concepción del método analítico en el conocimiento empírico de la realidad que favorece indudablemente la especialización del conocimiento y por consecuencia el afianzamiento de las ciencias particulares sobre todo las naturales, lo que explica el papel preponderante y científicamente justificado de estas en el análisis de las cuestiones ambientales donde se ha introducido incluso la modelación matemática bajo variables lógicas extraídas de la realidad como esenciales, para prever el futuro ambiental de la humanidad bajo los ritmos de crecimiento actuales.

La lógica cuantificacional no deja de estar presente en cualquier estudio de carácter sociológico que se introduzca en los análisis ambientales (estudios de impacto ambiental, estudios de ordenamiento ecológico, estudios comunitarios) como condición esencial para probar su cientificidad y por supuesto la reflexión filosófica queda fuera de cualquier interpretación respecto al fenómeno. Por otro lado, habría que considerar también aquellas interpretaciones sobre el ambiente que se sustentan en el denominado Materialismo Histórico haciendo uso de las categorías propias del Marxismo para el análisis de la sociedad, que establecen también un sesgo de la realidad, al absolutizar las leyes sociales como esenciales y basar sus estudios en un enfoque antropocentrista, desde una visión esencialmente economicista (Leff, Gutman, entre otros).

Para comprender lo que aquí se quiere significar, es válido aclarar que la lucha ya tradicional en el plano filosófico entre el materialismo y el idealismo, tiene su expresión concreta desde el siglo XIX, entre las posiciones del Positivismo y el Materialismo Dialéctico con concepciones metodológicas también diferentes.

La visión positivista se sustenta sobre la base de la concepción metafísica del desarrollo y por su parte, la Dialéctica Materialista, como su nombre indica, tiene una comprensión dialéctica de la realidad y sus procesos de cambio. Una vez que nuestro trabajo pretende incorporar la Dialéctica Materialista como método de análisis para la comprensión de los procesos ambientales, demostrando al mismo tiempo que los discursos predominantes en la actualidad sobre esta temática sugieren o presuponen sesgos metodológicos de carácter metafísico que obstaculizan la intelección teórica integral que se requiere para la misma, ¿cómo limita entonces el enfoque metafísico la percepción que acerca de lo ambiental, se está manejando en el discurso contemporáneo?. Una caracterización del propio método, nos ayudaría a entender esas limitantes:

> Si entre esencias absolutamente invariables se establecen relaciones, nexos, también invariables, entonces esa concepción de las relaciones y los nexos es metafísica. Si el movimiento se analiza como creado, como algo aportado, como la alteración del reposo y no al revés, entonces tenemos ante nosotros la concepción metafísica del movimiento. Finalmente, si las leyes del movimiento se enuncian como invariables, aunque constantemente activas y conduciendo siempre a nuevos resultados, ante nosotros tenemos la concepción metafísica del desarrollo. (Orudzhev, 1978)

Desde las ciencias que parten de la sociedad y las leyes que rigen su funcionamiento, fundamentalmente desde la actividad económica productiva y en muchos casos desde la perspectiva del Materialismo Histórico; se tratan de conciliar varios criterios significativos importantes en la comprensión de la relación sociedad-naturaleza (Gutman, 1986):

- La existencia de una dinámica propia tanto de los procesos naturales como de los sociales.
- La consideración de que en la relación sociedad-naturaleza, la primacidad de un elemento sobre el otro no es algo abstracto, sino que hay que contextualizarlo históricamente.

Desde este punto de vista, se analiza la relación sociedad-naturaleza como una relación de complementariedad, donde la naturaleza es condición para la existencia de la sociedad. Ella aparece como el stock de mercancías de la cual se nutre la sociedad para su desarrollo y ésta última, se impone sobre la naturaleza a partir de los procesos económico productivo que ejecuta en su interacción con ella. Esta visión que ha caracterizado tradicionalmente al desarrollo económico de la sociedad logra tener su concreción teórica a partir de los postulados enunciados en la Economía Política Clásica inglesa del siglo XIX, según pudimos apreciar en el epígrafe anterior.

Es un enfoque en el cual, si bien hay un reconocimiento al carácter cualitativo que distingue a la sociedad como nivel de organización material, tampoco se supera el carácter departamental con que se visualiza la relación sociedad-naturaleza. En este sentido hay varios elementos a considerar:

- Simplificar el método Dialéctico Materialista al Materialismo Histórico, al análisis del funcionamiento absoluto de las leyes del desarrollo de la sociedad, limita la comprensión de la relación sociedad-naturaleza en toda su dimensión, puesto que se está partiendo de leyes particulares y no de las leyes universales que supone el método filosófico.
- La producción de bienes materiales es un elemento importante a considerar en la relación sociedad-naturaleza, pero no es el único. La producción expresa un actividad transformadora de creación de bienes materiales por parte del hombre, en cambio ¿Cuáles condiciones naturales se determinan para la realización de esta actividad?, ¿cómo la naturaleza va asimilando y respondiendo históricamente a ese proceso transformador?,¿es significativo el nivel de transformación actual que deriva de lo social en el contexto de una naturaleza que cambia y evoluciona integrando ya al ser y conocer humano? (Mauvois, 1989). Son interrogantes que quedan inconclusas ante un punto de partida como este.

En cambio, a pesar de esta separación, la mayoría de los autores coinciden en que lo ambiental se ubica en el campo de la "relación sociedad-naturaleza". Los intentos de búsqueda de esta integración las encontramos en el enfoque interdisciplinario.

Este enfoque, trata de explicar la relación sociedad-naturaleza a través de la articulación de las ciencias, bajo una integración que se basa en un reclamo a la visión holística o sistémica. En este sentido, lo que se logra no es la articulación real de todas las contribuciones específicas de teorías, disciplinas y ramas científicas que se ocupan de lo ambiental, sino la suma de estos resultados, que se mantiene en el campo de la articulación técnica y no alcanza la articulación teórica. Son estudios que en ocasiones quedan en el marco de un espacio de estudio y no de un objeto de estudio real que integre esos resultados

La realidad es mucho más rica que cualquier concepto que se tenga de ella, por tanto, lo ambiental como categoría está expresando una abstracción que logra tener en la realidad, múltiples expresiones concretas, las que son reconocibles por las formas de existencia misma del mundo material: movimiento, espacio, tiempo.

Lo ambiental como cualidad diferenciada en la realidad es un producto del desarrollo histórico del mundo material y es a la vez una cualidad en constante desarrollo, avances y retrocesos.

Lo ambiental como sistema complejo de relaciones surge a partir del surgimiento de la sociedad humana como forma de organización de lo material. Se conforma históricamente como un sistema de relaciones más complejos que el que pudieran establecer, por ejemplo, los organismos vivos con su medio (o también denominadas relaciones ecológicas), por las características de complejidad que el propio nivel de organización social le imprime y que se distingue por:

- La capacidad que tiene el hombre de direccionar conscientemente y a través de su actividad práctica, la materia, la energía y la información a la satisfacción de sus necesidades, y en una dinámica histórica cada vez más acelerada.

- El carácter históricamente dinámico que le imprime lo social a lo ambiental. Éste se va conformando y ampliando históricamente con la práctica social humana y sus conocimientos sobre la realidad, es decir el dominio de la información. Lo que hoy se constituye como una relación indispensable para la supervivencia humana, mañana puede ampliarse o sencillamente deja de serlo, porque son históricas las necesidades, porque es histórico el conocimiento, porque son históricas las relaciones entre los hombres y son históricas las relaciones hombre naturaleza.

Por tanto, no se puede extrapolar las leyes de lo ecológico y puramente biológico al estudio de un nivel cualitativamente distinto de organización de lo material con cierto grado de complejidad. La Dialéctica Materialista confirma este planteamiento, de acuerdo con el cual las formas superiores de movimiento en la organización de lo material (superiores en tanto nivel de complejidad) contienen a las inferiores, pero sus leyes de funcionamiento y dinámica no pueden ser explicadas ni reducidas a las formas que le preceden (Engels, 1982). La problemática ambiental se ha abordado en el pensamiento teórico a lo largo de s u desarrollo histórico y resumiendo sus tendencias fundamentales en la contemporaneidad, se enuncian algunos elementos de interés:

- La preocupación por la problemática ambiental nace como una necesidad histórica, ante la evidencia de los fenómenos particulares de este tipo que se manifiestan en la realidad incluso desde la antigüedad; y pone en tela de juicio desde que surge, la racionalidad económica tradicional que ha caracterizado a la sociedad humana.
- El proceso de su conocimiento ha ido avanzando paulatinamente conjugándose en él lo gnoseológico y lo metodológico, pero también elementos axiológicos, teniendo en cuenta los valores que se sustentan

por clases y grupos sociales y tras ellos, sus intereses económicos y políticos que se involucran indudablemente en el asunto.

- El análisis teórico de la problemática ambiental, en tanto la manera en que se refleja a nivel del conocimiento el problema, ha derivado en un dilema entre las ciencias particulares y fundamentalmente entre la economía y la ecología, una vez que la problemática involucra la relación sociedad-naturaleza y la comprensión de la misma se está realizando o bien desde las ciencias que parten de la sociedad humana para percibir y explicar el problema o desde las ciencias que lo hacen a través de las leyes de lo natural. Es decir el fenómeno se está analizando desde las partes, de forma parcializada, sesgándose la comprensión de la totalidad que lo identifica.
- Lo anterior tiene su origen en el propio desarrollo del conocimiento humano y una razón de ser que se justifica históricamente, pero el análisis de la problemática hoy, exige un salto cualitativo en relación a la integración del conocimiento.

Por todo lo anterior, podemos concluir que desde el siglo pasado, pero con mayor fuerza en este siglo, lo ambiental se ha venido reflejando en la conciencia colectiva de la sociedad a nivel de lo cotidiano, pero con una tendencia a ocupar cada vez más una de las preocupaciones en el orden gnoseológico y por tanto la necesidad de integrarse a un nivel teórico de comprensión a los problemas que con él se asocian y que preocupan al hombre. La problemática ambiental por tanto, aparece como un problema gnoseológico y se constituye como problema de la ciencia, a partir de un nivel de concientización del mismo. Aun cuando la relación hombre-naturaleza siempre haya existido, las actividades que derivan de esa relación trasciende los límites de lo espacial y lo temporal, comienzan a afectar al hombre, es decir a la humanidad y se instituye en un problema.

El problema epistemológico que emana de la diversidad de Corrientes que confluyen en relación a lo ambientalestá no tanto en la falta de una teoría que lo explique, porque de hecho hay varios acercamientos a la explicación de este objeto, sino en la base teórico-metodológica que sustenta a dichos planteamientos. Por tanto, si bien lo ambiental hoy puede analizarse en los marcos del conocimiento particular y desde estas ciencias pueden llegarse a establecer propuestas de solución concretas, por otro lado, el marco referencial filosófico como cuadro general del mundo al respecto de este problema, se encuentra hoy en una fase de redefinición que exige un salto cualitativo.

Capítulo II.

Transversalidad de la Educación ambiental: urgencia en la enseñanza del derecho.

2.1. Aproximación a la educación ambiental desde los procesos de enseñanza-aprendizaje.

El desarrollo sostenible, más que un concepto, resulta la fórmula idónea para el mantenimiento del equilibrio del medio ambiente en la Tierra, para que todos los elementos de ese sistema funcionen e interactúen de manera armónica. Este trabajo se propone hacer un acercamiento a los retos que se le presentan a la Educación en cuanto a la promoción del respeto al Medio Ambiente. Inicialmente se parte de la identificación de las insuficiencias que aún persisten para que, en la práctica, la sociedad todavía no asuma una postura responsable y comprometida hacia el entorno que le rodea. A partir de esto se realizan una serie de propuestas para superar dicho estado, que en definitiva contribuyan a fomentar la Educación Ambiental (EA) o Educación para el Desarrollo Sostenible (EDS), como un valor promovido desde algunas de las principales instituciones sociales.

Aunque la preocupación por el deterioro del medio ambiente, tuvo sus primeras manifestaciones entre las décadas 60 y 70 del pasado siglo, todavía no es suficiente como para que se refleje en una transformación de modelos y estilos de vida y consumo sociales. Las medidas propuestas para revertir esta situación no logran el efecto esperado para que la sociedad, en su gran mayoría, concientice y asuma el serio deterioro que sufre el entorno. En el año 1972, a través del Programa sobre el Hombre y la Biosfera (MAB), se establece una conceptualización sistémica del medio ambiente, la cual asume que el entorno está compuesto por múltiples elementos relacionados entre sí y la alteración en algunos de ellos conllevaría a la del resto. Además se plantea que cada uno de estos elementos constitutivos del sistema posee la misma relevancia; el ser humano como parte de ese sistema también asume el peso que le corresponde, y como tal, no debe considerarse el dueño, ni mucho menos el que dispone a su voluntad del resto de los elementos, visión esta bastante arraigada desde tiempos inmemoriales.

A pesar de las crecientes alarmas por el deterioro ambiental y las medidas tomadas para restaurar los daños causados, no se perciben los efectos de tales propósitos, sobre todo, porque no se ha logrado una comprensión de las divergencias que existen entre el medio ambiente como sistema y el modelo económico actual, arraigado en una fuerte cultura del consumo, en el predominio de los grandes monopolios y el individualismo generalizado. Como se ha planteado anteriormente, una de las principales características de todo sistema es el hecho de que todos sus componentes asumen el mismo protagonismo. Una vez que esta condición sufre un desbalance por dar mayor relevancia a unos que a otros, ese equilibrio se quiebra, y por tanto, no puede hablarse de sistema porque en realidad este no existe. Sobre este aspecto existe una gran cantidad de criterios, contemplados todos en lo que se ha denominado teoría de los sistemas.

La forma de asumir en la actualidad el desarrollo y todo lo que trae consigo, debe ser modificada. Este no debe reducirse al crecimiento económico de los principales países desarrollados y la imposición de patrones culturales desde los centros de poder hegemónicos. Hasta que esa perspectiva economicista no se supere y modifique, será en vano cualquier teorización sobre lo que se entiende por medio ambiente.

Cualquier transformación que se proponga debe estar asociada a ese necesario cambio de mentalidad. Para el logro de este propósito debe consolidarse una educación sustentada en fuertes pilares de calidad y compromiso social. Los sistemas educativos pueden incidir notoriamente en el logro de una economía más equilibrada, y con ello en la preservación del medio ambiente. En este caso se entiende que sus efectos serán a mediano o largo plazo, de manera progresiva, toda vez que unido al accionar de ella incidan otros factores no menos importantes. Para que la EA incorporada a los procesos formativos incida de manera óptima, estos deben planificarse cuidadosamente. En ese sentido, debe considerarse a los estudiantes como parte fundamental de dicho proceso, con espíritu crítico y plena participación en la concientización de la gravedad de la problemática ambiental. Algunas legislaciones educativas han ido incorporando paulatinamente el concepto de educación como proceso y la importancia de la educación en valores, en la que se incluye lo concerniente al respeto al medio ambiente. No obstante, en la práctica no se percibe el efecto de tal intención, porque por lo general los alumnos no son capaces de construir un razonamiento lógico y, por tanto, el desarrollo de un espíritu crítico resulta muy limitado. Si no se logra incentivar esta postura en las nuevas generaciones de niños y jóvenes, será difícil que puedan establecer la relación causa-efecto entre el actual modelo económico y las graves consecuencias que este acarrea sobre el medio ambiente.

A estos inconvenientes se suman las insuficiencias que aún persisten en la formación de los futuros profesores. Si como profesionales no son capaces de trasmitir a sus alumnos cómo insertarse activamente en el ámbito social, o si no poseen las herramientas necesarias para incentivar el espíritu crítico, ello genera una seria dificultad para poner en práctica lo que teóricamente ha quedado explicitado sobre la responsabilidad social con el medio ambiente. Los sistemas educativos deben superar los métodos tradicionales de enseñanza en los que se considera al estudiantado como meros receptores de conocimiento, limitando sus capacidades de reflexión y análisis propios.

Los escasos resultados que se perciben en el impacto de la formación en el ámbito medioambiental, son consecuencia de múltiples factores. En primer lugar, existen diversos criterios en la conceptualización de los términos EA o EDS y además en la forma en que estos deben ser entendidos. Este debate se debe en gran medida a la confluencia de diversos paradigmas teóricos, de modos de actuación, de actores y disciplinas participantes, así como de los contextos en que se analiza. A pesar de dicha heterogeneidad se aprecia un criterio común, y es la urgente y necesaria respuesta desde la educación a tan grave crisis medioambiental (Gil, Vilches, 2006).

Resulta bastante común que se asuma por parte de diferentes gobiernos y su política educativa, un modelo tecnológico para el esbozo de programas de EA. Esta perspectiva no se sustenta en la teoría sobre el tema, lo que implica un aprendizaje superficial, sin que en realidad existan transformaciones en la forma de pensar y vivir. La teoría y la práctica no están en consonancia, lo que no se ajusta a los principios del proceso formativo. Otra característica del modelo es que establece una separación entre los que diseñan los programas de EA y los que los ponen en práctica, es decir, los docentes, quienes son los que dominan la práctica en la educación. Finalmente, se persigue conel mismo obtener resultados cuantificables, lo que contradice el hecho de considerar a la EA como un contenido transversal y como un valor, toda vez que se conoce que estos no son mediblescuantitativamente.

La puesta en práctica de este modelo tecnológico en la educación para el ámbito medioambiental, comprende el uso por parte del sector político del término Educación para la Sostenibilidad o Educación para el Desarrollo Sostenible. Este concepto ha sido incluido en muchos programas educativos de diversos países, pero como respuesta a intereses políticos y económicos.

Producto del impacto que ha ido alcanzando la idea de la sostenibilidad en diversos espacios, se ha asumido el término Educación para el Desarrollo Sostenible de manera cada vez más creciente. Aunque no existe un consenso sobre el significado del término Desarrollo Sostenible, de manera general se perciben coincidencias en los rasgos más comunes de este fenómeno. Las diferentes definiciones coinciden en que se centra en las interacciones economía-naturaleza-cultura, que intenta asociar aspectos hasta ahora no conectados: el desarrollo económico, la preservación del patrimonio cultural y natural y el compromiso social de los seres humanos con el presente y el future (Rodrìguez, 2011).

Existe un criterio bastante generalizado al considerar al Desarrollo Sostenible como ese fenómeno capaz de satisfacer las necesidades presentes sin comprometer las del futuro. La EDS promueve la reflexión y la crítica entre los individuos, lo que ha de conducir a la formación de ciudadanos con capacidad para comprometerse con el entorno que los rodea.

A lo abordado anteriormente, se suma el hecho de que en el intento por trasmitir y utilizar la EDS en las aulas, incide negativamente el conocido modelo de tipo artesanal-activista, característico de los años 70 y 80 del siglo XX, cuya utilización en la puesta en práctica de la EA, sigue siendo bastante común (Fernàndez, 2013). Este modelo está centrado en la elaboración de programas y actividades propiamente descriptivas del entorno natural y los daños que sufre el medio ambiente, sin profundizar en las verdaderas causas de dichos daños, y tampoco prepara a los estudiantes para actuar en consecuencia. Es lógico pensar que las reflexiones y debates que puedan generarse en el ámbito docente sobre la planificación de las diferentes actividades intencionadas hacia la EA, sean bastante limitadas, por lo que de antemano existirá un distanciamiento entre la teoría y la práctica, y los alumnos serán en este caso simples receptores de contenidos y nunca actores reales ante estos desafíos (Rodrìguez, 2011).

Esta incompetencia por parte de los docentes para aplicar la EA o EDS es resultado, en gran medida, de la insuficiente formación curricular que reciben durante el tránsito por los diferentes niveles, dígase pre y posgrado. A pesar de que este contenido forma parte de los conocimientos a adquirir por parte de los futuros docentes, no se trabaja adecuadamente para su implementación en la práctica. Puede afirmarse entonces que ninguno de los dos enfoques, ni el tecnológico ni el artesanal-activista, han propiciado una EA o EDS adecuada a las actuales condiciones.

Es pertinente introducir otro aspecto no menos importante: la transversalidad. Al decir de (Ademar, 2017) los contenidos transversales son aquellos que abarcan todo el currículo, por lo que deben abordarse en todas las áreas de conocimiento. Esta característica los ubica como esenciales en la práctica docente, por contener dimensiones que incluyen conocimiento, práctica, modos de actuación y compromiso social.

Por su parte, la EA o la EDS como valor, no ha calado lo suficiente en la mayoría de los ciudadanos y esto se evidencia en la actitud pasiva, bastante generalizada, que asumen con respecto a los modos de pensar y actuar respecto al medio ambiente. Todos los aspectos abordados con anterioridad y que evidencian el poco éxito de la EDS, se perciben en las crisis educativas que enfrentan muchos sistemas, en los que existe aún una práctica tradicional de enseñanza a pesar de las transformaciones realizadas.

La transformación debe partir desde la economía, y desde la implementación de un verdadero concepto de desarrollo sostenible, sin que en este propósito medien los intereses sectoriales de gobiernos, multinacionales o mercados. Al respecto deben tenerse en cuenta aspectos como la racionalidad económica y la teoría del decrecimiento sostenible. La racionalidad económica implica mayor justicia en la repartición de las riquezas entre las diferentes regiones del mundo, menor polarización entre estas, de forma tal que se usen los recursos verdaderamente necesarios. Es una tendencia cada vez más creciente el hecho de que en los países desarrollados los índices de consumo sean sustancialmente mayores, no sólo se satisfacen las necesidades básicas de los consumidores, al mismo tiempo se van generando otras necesidades no tan elementales que demandan mayor consumo sobre aquellos recursos que en su mayoría resultan limitados. La racionalidad económica, y con ello la contribución al desarrollo sostenible, no debe ser concebida vinculada solamente al crecimiento económico, sino como una superación en la dimensión ética por parte de los seres humanos.

La teoría del decrecimiento sostenible para (Unceta, 2013) propone una reducción equilibrada en los índices de producción y consumo, de manera que se mejoren las condiciones del entorno. Esta teoría para el investigador Sierra, assume lo siguiente:

> El hecho de que los recursos en el planeta no son inagotables, por lo que resulta vital reducir su consumo y el impacto al medio ambiente a nivel mundial. La sociedad de consumo transita a un ritmo acelerado, por mucho excede la capacidad de recuperación de algunos recursos naturales y esta realidad impone una necesaria disminución del consumo, así como de la generación de residuos al medio ambiente. (Sierra, 2012)

La puesta en práctica de la racionalidad económica y de la teoría del decrecimiento sostenible, no debe estar condicionada por decisiones gubernamentales o desde los grandes centros de poder económico. Estas deben ser el resultado de una toma de conciencia y compromiso de todos los ciudadanos a partir del reconocimiento de que cada acción que se realice, tendrá un impacto en la protección medioambiental.

Vinculado a estas teorías, (Delamata, 2014) consolida la teoría ya existente sobre la necesidad de un cambio en la manera en que se maneja el ámbito productivo, el comercio y los patrones de consumo, abogando por un paradigma plegado a lo que se conoce como ambientalismo social, donde el individualismo, el consumismo y el derroche sean suprimidos para dar paso a un uso más racional de los recursos. Autores como Martìnez y Roca, se han referido al concepto de economía ecológica, clasificàndolo como:

> Disciplina que entiende al sistema económico en interacción con los ecosistemas y la sociedad. Esta manera de entender a la economía confiere el mismo grado de importancia a lo económico, lo social y lo ecológico, influyéndose mutuamente en el ámbito medioambiental. (Martìnez, Roca,

2013)

La economía ecológica trata de determinar el valor monetario de los recursos para conocer cuantitativamente los costos de la desaparición o la no renovación de los recursos. Al valorar cada uno de ellos, (Cabrini, Calcaterra, 2013) consideran que se deben tener en cuenta sus respectivas funciones en la estabilidad de la biosfera y en la preservación de la vida humana.

A partir del concepto de desarrollo sostenible se puede sustituir el modelo económico actual, vinculado sobre todo a la educación en valores y la transversalidad. Los seres humanos asumirán su responsabilidad en el cambio de modo de vida, en la medida que sea más sólida la educación en valores, pues a través de ella se fomenta, entre otros, el valor solidaridad. Este valor implica reconocer que el bienestar sólo es posible cuando todos han logrado satisfacer sus necesidades básicas, sin distinciones de ningún tipo. La solidaridad debe asumirse como aquel valor que permite no mantenerse indiferente ante la injusticia, el dolor ajeno, la desigualdad y su verdadera comprensión posibilitará un cambio en la forma en que los seres humanos asumen su manera de pensar y de vivir.

La transversalidad, por su parte, reviste gran trascendencia por su presencia durante todo el proceso educativo. A través de los contenidos transversales se abarca todo el currículo en lo que debería ser una trasmisión de estos en todas las ramas del conocimiento y durante los diferentes niveles educativos. Por lo general no sucede así, pues no se utilizan todas las potencialidades de estos contenidos, al contrario, por lo general son tratados sin la relevancia que requieren, y en muchos casos, son degradados a otros planos en comparación con el resto del conocimiento. Los contenidos transversales deberían ser el hilo conductor del proceso docente y no quedarse declarados teóricamente en principios o normas, sino aplicados con responsabilidad y compromiso.

La EA o la EDS como contenidos transversales, no deben ser abordados arbitrariamente o descontextualizados. Para (Parra, 2013) estas educaciones deben revelarse en la medida que se profundiza en los elementos humanizadores de cada materia. La EDS transmitida y adquirida orgánica y naturalmente será aprehendida favorablemente por los estudiantes, y por consiguiente favorecerá un cambio de actitud con respecto al medio ambiente, los modelos económicos existentes y el modo de vida de la sociedad contemporánea.

La educación en valores, transmitida a través de los contenidos transversales, está fuertemente vinculada al proceso docente educativo en la contribución a la formación integral de los individuos. Es sumamente importante en los tiempos actuales, toda vez que las nuevas generaciones no manifiestan mucho interés por lo que sucede en el entorno y mucho menos les parecen insostenibles los efectos del modelo económico imperante. Estas posturas de acomodamiento y conformismo son el reflejo de una educación en valores incompleta, sesgada y parcializada, en la que no se profundiza en valores cruciales para el destino de la humanidad, como la justicia y la solidaridad.

Anteriormente se expuso el fracaso de los modelos tecnológico y artesanal-activista a la hora de crear actitudes favorables al medio ambiente en los estudiantes, así como una postura de intercambio y no de dominación hacia este. La EA o la EDS como contenidos transversales, han padecido de la percepción que tienen de ellos las instituciones y los docentes, y en función de esa percepción se aplican de manera muy limitada. Todas estas dificultades conducen al diseño de un modelo que supere las posturas anteriormente mencionadas y sea realmente efectivo en la enseñanza de la EA o la EDS.

Para ello, (Rodrìguez, 2011) realiza una propuesta de proyección de la EA o la EDS sobre la base del constructivismo, la epistemología de la complejidad y la perspectiva crítica como paradigmas teóricos. En el logro de una EA o EDS de calidad, deben integrarse la educación formal, no formal e informal, para que tenga sentido su puesta en práctica. La educación formal no debe reducirse a los salones de clases y a los procesos formativos que se suceden en ellas, pues estaría en contradicción con la concepción de educación como proceso. Se hace necesaria la complementación, el diálogo y el intercambio entre estas dimensiones educativas y en este caso desempeñan un papel decisivo los gobiernos, los sistemas educativos, los medios de comunicación, los profesores y la familia.

La difusión de los problemas medioambientales para el logro de una mayor conciencia ciudadana, debe estar a tono con el modelo de EA o EDS que se promueva desde la educación, mostrando a los ciudadanos lo que es una verdadera conciencia ecológica y no la percepción distorsionada que muchos medios ofrecen. La información que se emita debe ser objetiva y no estar influenciada por posturas políticas, intereses de grupos o la subjetividad de aquellos encargados de la difusión.

Se coincide en que se deben aprovechar major los espacios que brinda la educación no formal, y para ello se hace necesario introducir más programas de EA o EDS en los ámbitos dirigidos a profesores y educadores no formales. El logro de una formación en este grupo de personas se traduce para (De Mola, Mèndez & Rivero, 2013) en la multiplicación de esos conocimientos.

Los docentes, eslabón fundamental en los sistemas educativos, deben estar formados adecuadamente en la EA o la EDS, para que esta se trasmita de manera apropiada a los ciudadanos del futuro y, en definitiva, se garantice un compromiso y responsabilidad con la estabilidad medioambiental.

En todo lo abordado consideramos prudente concluir que actualmente los procesos que fomentan la adquisición de una conciencia sobre las verdaderas causas y daños al medio ambiente, siguen siendo insuficientes para preservar y revertir la crítica situación que enfrenta el entorno. Esta realidad conduce necesariamente a proponer un cambio en la forma de pensar y en el modo de vida de la sociedad contemporánea que en definitiva incida en la transformación del modelo económico actual.

Esta transformación deberá propiciarse desde los espacios que ofrece la educación formal, la no formal y la informal, para que exista una verdadera interiorización del significado del desarrollo sostenible y con ello se manifiesten actitudes responsables para con el medio ambiente, fundamentalmente por parte de las nuevas generaciones. La EA debe ser un proceso continuado a lo largo de toda la vida de los seres humanos. La educación tiene que estar orientada al desarrollo de la reflexión, el pensamiento crítico y el razonamiento lógico, a través de un método de enseñanza-aprendizaje participativo y de intercambio. Estas capacidades son fundamentales en la comprensión de la problemática medioambiental por parte de los estudiantes; si no son promovidas en los procesos formativos será muy difícil que adquieran una verdadera conciencia de las causas y efectos que destruyen al entorno. La EA o la EDS debe ser trasmitida como un contenido transversal en el proceso educativo de manera tal que sea el hilo conductor de dicho proceso. En el reconocimiento de la importancia de la educación en valores y su adecuada trasmisión por ambas partes, está la clave para el logro de actitudes apegadas a principios y valores éticos medioambientales, imprescindibles para el cambio de mentalidad en los ciudadanos y la generalización de actitudes responsables hacia el medio ambiente.

2.2. Protección del medio ambiente y sus ecosistemas: una mirada desde la socio pedagogía.

2.2.1. El medio ambiente. Síntesis de algunos elementos históricos como partida.

La unidad naturaleza-hombre-sociedad es un importante postulado del Marxismo y con él se fundamenta metodológicamente el enfoque de numerosas problemáticas relacionadas con el medio ambiente. Existen afirmaciones de los fundadores del Marxismo en cuanto a las características de la relación hombre-naturaleza. Una de las más importantes es la que postula que "la naturaleza es para el hombre un eslabón que relaciona al hombre con el propio hombre" (Marx y Engels, 1976).

Un jefe Seattle[2], de la tribu Suwamish (1855), escribiría en respuesta a uno de los presidentes de los estados Unidos "Los ríos son nuestros hermanos, sacian nuestra sed. Los ríos cargan nuestras canoas y alimentan a nuestros niños. Si les vendemos nuestras tierras, ustedes deben recordar y enseñar a sus hijos que los ríos son nuestros hermanos, y los suyos también. Por lo tanto, ustedes deberán dar a los ríos la bondad que le dedicarían a cualquier hermano".

Hombres, de diferentes latitudes geográficas y diversas culturas, coinciden en advertir la compleja y recíproca interrelación entre los seres humanos, el resto de los seres vivos y la naturaleza, en general, considerándose en las doctrinas

[2] El presidente de los Estados Unidos, Franklin Pierce, envía en 1854 una oferta al jefe Seattle, de la tribu Suwamish, para comprarle los territorios del noroeste de los Estados Unidos que hoy forman el Estado de Washington. A cambio, promete crear una "reservación" para el pueblo indígena. El jefe Seattle responde en 1855.

científicas como ecosistemas medioambientales.

Es frecuente definir a la naturaleza como el conjunto, el orden y la disposición del mundo material en que se desenvuelve el hombre. Aun cuando esta definición no satisface nuestra concepción del hombre como ente natural-social, tampoco niega la certeza de la afirmación marxista relacionada con el condicionamiento mutuo de la historia de la naturaleza y la historia humana; actualmente la relación hombre-naturaleza se concibe como relación sociedad-medio natural, o sea, ante todo como algo social (Guerásimov, 1976).

Del análisis integral de estos elementos, podemos precisar tres aseveraciones fundamentales:

- En el desarrollo de la naturaleza, el hombre surge.
- En la naturaleza encuentra el hombre las condiciones naturales y los recursos que le permiten subsistir y desarrollarse.
- El contacto fundamental entre el hombre y la naturaleza es la práctica productiva del hombre.

Los enfoques antropocéntricos han influido en una ubicación sobrenatural y hasta a veces prepotente de la especie humana en relación con los restantes componentes del medio natural. En el Génesis se plantea: "Tener dominio sobre los peces del mar, sobre las aves del cielo, los animales domésticos y salvajes y los reptiles"[3], aunque la religión cristiana no es partidaria de la intervención del hombre en el orden natural.

En el decurso de los tiempos e incluso, en la actualidad, persisten tendencias a entender, como tarea importante del hombre, el sometimiento de la naturaleza. En nuestra América, no tardaron en hacerse palpable pensamientos egocéntricos ambientales del humano supuestamente racional, pero sin una visión íntegra de lo frágil, delicado e importante de los

---

[3] Ver: (Génesis 1:26), Dios crea esta tierra y su cielo y todas las formas de vida en seis días — Se describen los hechos de cada día de la Creación — Dios crea al hombre, varón y hembra, a Su propia imagen — Se da dominio al hombre sobre todas las cosas, y se le manda multiplicarse y henchir la tierra.

ecosistemas, no careciéndose de manifestaciones y consignas tales como "el hombre puede más que la naturaleza", llegando a la vanagloria triunfalista de concebirse el terreno desmontado o el pantano desecado como resultados positivos del desarrollo y el poderío técnico alcanzados. En el Siglo XIX, precisiones emitidas por clásicos marxistas aleccionaban que el hombre el verdadero dominio del ser humano sobre la naturaleza, consistía en lograr interiorizar y aplicar consecuentemente sus leyes[4]. Contraproducentemente con este siglo, No siempre el hombre tuvo una relación ecológicamente antagónica con su ambiente, los habitantes del período prehistórico mantuvieron relaciones de predación con su medio natural, respetando su equilibrio en sus relaciones de sustento, basadas fundamentalmente en la caza, recolección y pesca.

Con el propio desarrollo de la humanidad en sus formaciones precapitalistas, aparecen las actividades agrícolas y ganaderas, que inician el desequilibrio ambiental, incidiendo en gran medida el proceso de perfeccionamientos de los instrumentos de trabajo, haciéndose cada vez más extensas las áreas deforestadas y los ecosistemas alterados de su ambiente natural. La fauna cayó bajo el impacto mortífero de armas cada vez más sofisticadas, aunque el daño mayor a estos recursos lo vemos en la devastación de bosques naturales con diversos fines. En general la producción, con sus demandas de materias primas y con sus desechos, constituye un factor cada vez más influyente en los problemas de la calidad ambiental.

El capitalismo es la fase en que, aún cuando la ciencia y la técnica registran avances sustantivos, el poder humano para afectar la naturaleza se incrementa desmedidamente; concebir el ambiente como fuente de materias

---

[4] Ver Obras escogidas de Marx y Engels, de 1976. En esta detallan: "nuestro dominio sobre la naturaleza no se parece en nada al dominio de alguien situado fuera de ella. Nosotros, por nuestra sangre y nuestro cerebro, pertenecemos a la naturaleza, nos encontramos en su seno y todo nuestro dominio sobre ella consiste en que, a diferencia de los demás seres, somos capaces de conocer sus leyes y de aplicarlas adecuadamente".

primas, determina las relaciones de rapiña con la naturaleza. La flora y la fauna, consecuentemente, son afectadas. Comprendemos, en esta misma etapa, cómo la progresión notable de la ciencia y la técnica acentuaron los problemas ambientales como nunca antes.

Tres direcciones fundamentales según nuestro juicio, agudizan esta vital problemática: la contaminación ambiental, la explotación irracional de los recursos y el peligro de la guerra, que incluye la amenaza nuclear. La biosfera ha sido nuestra compañera de infortunios ante estas problemáticas. Ella ha recibido, con mucho rigor, el impacto de la acción antrópica de modo directo, o indirecto, por las consecuencias ambientales de estas acciones.

Una interesante forma de relación hombre-naturaleza, que contribuyó a estrechar estos vínculos y a consolidar la posición de muchos animales en el plano afectivo del hombre, es la domesticación. Sobre su origen en la historia, hay más de una explicación: una de las variantes, planteadas se basa en el testimonio etnográfico en cuanto a grupos de cazadores que llevaban a sus moradas las crías de animales que cazaban (Ribeiro, 1992); otras, interpretan que la creciente solvencia nutricional del hombre atrajo, a su proximidad, algunas especies que se acercaban con el fin de alimentarse de los desperdicios de sus banquetes o sus cosechas (Bernal, 1986), planteándose a los perros como los primeros en acogerse a esta condición en el paleolítico.

Los datos coinciden en situar a la domesticación en la base de la posterior explotación económica de los animales; en cuanto a sus orígenes , es difícil aceptar que haya tenido lugar de un modo único; a los mecanismos aquí mencionados, pudieran agregarse otros que actuaron aislados o simultáneos. Existe, además, la posibilidad de que, en situaciones de desastres, tales como huracanes, incendios, inundaciones y heladas, la necesidad de sobrevivencia condujera a que hombres y animales salvajes convivieran en pequeños espacios, como islotes, balsas o cuevas, donde se establecieran vínculos, antecedentes de este tipo de relación.

La domesticación, además de su repercusión posterior en la producción pecuaria, constituyó una vía concreta de que conociéramos mejor a los animales, sus particularidades y sus necesidades biológicas, y lo que es muy importante, se materializara, en el plano ecológico y afectivo, la posibilidad de convivencia del hombre con otros miembros de su reino en el planeta.

Se plantea que la extinción de los grandes animales obligó al hombre a dejar la caza y dedicarse a la ganadería y a la agricultura (Paskang, Rodsievich, 1983), esta extinción se ha atribuido a las técnicas de caza del paleolítico (Bernal, 1986). Lo cierto es, que se ha comprobado diversas causales de desaparición de especies, en donde los cambios climáticos y otros factores, pueden haber influido.

Coincidimos con la concepción de la caza, como fuente casi exclusiva de alimentación, durante las tres cuartas partes de la historia humana (Paskang,Rodsievich, 1983), lo que ratifica la función de la fauna en nuestro surgimiento y desarrollo. El enfoque de la posibilidad de que la agricultura y la ganadería atenuaran el impacto sobre la fauna (Bernal, 1986), es mucho más discutible; el principal enemigo de la fauna, en todos los tiempos, fue la degradación de sus ecosistemas naturales, hecho muy relacionado con la extensión de la agricultura y la ganadería.

En otro sentido, la actividad agropecuaria sería un punto importante de desarrollo de la concepción causa-efecto en relación con los seres vivos, ya que el hombre necesitó conocer sobre sus ciclos de vida e incluso, aspectos ecológicos, aunque a un nivel ontogenético, elemental y práctico.

Partiendo de los estudios de J. Bernal, se puede resumir que, durante la antigüedad, se impusieron teorías ingenuas o místicas, que confundían la comprensión de la naturaleza. Las ciencias naturales no fueron mucho más allá de catálogos discursivos, basados en observaciones comunes de pescadores, agricultores, etc. Sin embargo, se plantea que, mucho tiempo después, perduraba la creencia de que estos antiguos habían logrado un gran conocimiento de la naturaleza (en el sentido de su dominio). Se decía, por ejemplo, que "Alejandro, instruido por Aristóteles (...) podía volar por el aire en un carro arrastrado por águilas" (Bernal, 1986).

Dentro de los adelantos que el hombre logra en los primeros dos tercios del milenio, hay algunos que alcanzaron una incidencia especial en el marco natural y social; entre ellos, debemos destacar la pólvora, el cañón y la escopeta, que no sólo colocaron al hombre civilizado en una situación de clara superioridad frente a "nativos" (Bernal, 1986), sino que devinieron una mortífera vía de aniquilamiento de especies animales y vegetales. En este mismo orden podemos citar como claras evidencias históricas-sociales: El cañón arponero fue el enemigo mortal para las ballenas, similar al que constituye hoy la sierra eléctrica para los ecosistémicos boscoso del mundo.

La época medieval, en general, no aportó cambios sustanciales al conocimiento de la naturaleza, ni a las normas de relación medioambientales.

En los estudios de las diferentes posiciones científico-filosóficas posteriores, alrededor de nuestro objeto, se sigue enfatizando en el hombre como dominador de los ecosistemas: "El naturalista puede ser útil para promover el imperio del hombre" (Bernal, 1976), resultando este criterio el que en un momento dado contribuyó al impulso de las ciencias naturales, pero regidas por su fuerte carácter antropocentrista, las cuales llegaron no solo a ser discrepadas por el sacerdote, maestro, escritor, filósofo y político cubano Félix Varela, sino denunciadas, al expresar: "el hombre todo lo refiere a sí mismo, y lo aprecia según las utilidades que le produce" (Varela, 1992).

La presentación por Carlos Darwin (Siglo XIX) de una teoría evolutiva más convincente[5], contribuyó al combate a las doctrinas de las formas ideales

---

[5] En el siglo XIX, el naturalista británico Charles Darwin formuló sobre bases científicas la moderna teoría de la evolución en su obra *El origen de las especies* (1859), también las más airadas reacciones procedieron de los estamentos eclesiásticos: el modelo evolutivo cuestionaba el origen divino de la vida y del hombre. Una vez más (y en ello reside la trascendencia histórica de la obra de Darwin), los avances científicos socavaban convicciones firmemente arraigadas, dando inicio a un cambio de mentalidad de magnitud comparable al de la revolución copernicana.

(Platón)[6] o de las causas finales (Aristóteles)[7], pero la magnitud de la misma radicó según (Bernal, 1986), en el establecimiento de un principio unificador para el universo de los seres vivos, es decir que ya se iniciaba el abordaje teórico de lo que posteriormente las distintas ciencias validarían como ecosistemas.

En estrecha relación a la praxis de las ciencias naturales, la agricultura, la medicina y otras, se desarrollaron también en este período un conjunto de saberes (conocimientos) que serían básicamente imprescindible para la comprensión posterior del componente biótico, su importancia en la naturaleza, sus exigencias y los efectos del factor antrópico sobre este, destacándose los trabajos en sistemática de Yablokov y la develación del ciclo de los elementos de Liebig[8].

Los estudios bioquímicos, en general, sirvieron para el posterior conocimiento de la interacción química entre los organismos, de la acumulación de contaminantes en los seres vivos y de sus efectos. La

---

[6] La teoría de las formas o teoría de las ideas es una de las bases de la filosofía platónica. Procede de una división entre un mundo de cosas sensibles, (mundo sensible) y otro que no se puede percibir por medio de los sentidos (mundo inteligible) donde habitan las ideas. El autor contempla dichas ideas como la estructura, los modelos a partir de los cuales se basan las cosas físicas, que no son más que copias imperfectas de aquellas. Para Platón en el mundo de las ideas no existen la dualidad ni el cambio; es el mundo de lo que realmente es. En oposición a éste nos encontramos el mundo sensible, o realidad aparente, la cual es reflejo del primero y en el cual nos hallamos, que no es; sin embargo tiene algo de real por su participación en lo inteligible. De este modo Platón acaba con la antinomia de Heráclito y Parménides (o problema de lo uno y lo múltiple) pues las cosas cambian en el mundo material y son inmutables y eternas en el inteligible.

[7] La noción aristotélica de causa es más amplia que la actual; nosotros entendemos por causa sólo lo que Aristóteles llamaba causa eficiente y causa final. Para este filósofo causa es todo principio del ser, aquello de lo que de algún modo depende la existencia de un ente; o de otro modo: todo factor al que nos tenemos que referir para explicar un proceso cualquiera. Para entender cualquier ente debemos fijarnos en cuatro aspectos fundamentales (cuatro causas): la causa material o aquello de lo que está hecho algo; la causa formal o aquello que un objeto es; la causa eficiente o aquello que ha producido ese algo y la causa final o aquello para lo que existe ese algo, a lo cual tiende o puede llegar a ser.

[8] Ver: A.V, Yablokov, Conservación de la naturaleza viva: problemas y perspectivas, 1984 pp.219-220). A finales del siglo XIX y vinculado a los estudios agrícolas, F.V. Liebig fue develando el ciclo de los elementos, aspecto de notable incidencia en el contenido de la ecología, rama esta última que alcanza su expansión en la década del 50 al 60, del siglo XX.

genética (G. Mendel)[9] fue más adelante una de las disciplinas llamadas a argumentar la protección de los seres vivos, planteando el problema de la conservación del fondo de genes, enriqueciendo el concepto de biodiversidad. Los estudios biogeográficos dieron una visión más amplia de la flora, la fauna y los biomas terrestres. En el andar transitorio hacia el siglo XX, se fueron abriendo camino la biología del desarrollo, la fisiología y la palentología, entre otras, pero enfatizamos en la teoría de la evolución que, desde el plano científico-natural, ayudó al hombre a encontrar su lugar en la naturaleza" (Bernal,1986); y en el desarrollo de concepciones filosóficas renovadoras que, encabezadas por el materialismo dialéctico e histórico (C. Marx y F. Engels), contribuyeron a una visión más objetiva del mundo, desplazando el antropocentrismo, el idealismo metafísico y otras muchas tendencias que no favorecían la marcha de la sociedad hacia la optimización de la relación hombre-naturaleza.

No obstante, el saldo positivo en el campo científico y socio filosófico tuvo gran influencia en los avances logrados en el siglo XX. La concreción de las ideas sobre la necesidad de proteger el medio ambiente tuvo su inicio más patente en la segunda mitad del siglo XIX, donde predominó la idea de la protección, en contradicción antagónica con la utilización, resultando la veda una vía fundamental protectora, naciendo en ese entonces muchos de los territorios vedados en América del Norte y Europa.Estas ideas permanecieron vivas hasta la primera mitad del siglo XX.

Constituyeron características distintivas en la actividad protectora

---

[9] Gregor Johann Mendel, fue un monje agustino católico y naturalista nacido en Heinzendorf, Austria, quien descubrió, por medio de los trabajos que llevó a cabo con diferentes variedades del guisante o arveja (*Pisum sativum*), las hoy llamadas leyes de Mendel que dieron origen a la herencia genética. Los primeros trabajos en genética fueron realizados por Mendel. Inicialmente efectuó cruces de semillas, las cuales se particularizaron por salir de diferentes estilos y algunas de su misma forma. En sus resultados encontró caracteres, los cuales, según el alelo sea dominante o recesivo, pueden expresarse de distintas maneras. Los alelos dominantes, se caracterizan por determinar el efecto de un gen y los recesivos por no tener efecto genético (dígase, expresión) sobre un fenotipo heterocigótico.

medioambiental en este período, el predominio de iniciativas particulares mediante recursos recabados con abnegación y también el florecimiento de sociedades con estas mismas características, el nacimiento y modificaciones de legislaciones ambientales, las cuáles fueron abordando temas novedosos en la Ciencia Jurídica para su época, como la prevención y las responsabilidades, tanto públicas como privadas, no obstante, no fueron ni son suficiente para impedir la continua depauperación de los ecosistemas medioambientales.

Un estudio, que realizamos partiendo del derecho comparado, en cuanto al cumplimiento de las legislaciones ambientales en el continente americano, nos arroja, como dificultad más sobresaliente, sobre todo, en la primera mitad del siglo XX, la certidumbre del incumplimiento reiterado de estas regulaciones que, en sentido general, han tenido un carácter positivo.

2.2.2. Ciencia, producción y medio ambiente. Relación necesaria, pero no del todo observada.

En un trabajo de esta naturaleza, no debe faltar el análisis de la categoría producción, y su vinculación con todos estos factores, así como un balance de beneficios y perjuicios hacia el patrimonio del hombre en general, que se derivaron del proceso de creación de bienes materiales necesarios para la existencia de la sociedad humana.

Hay que valorar, en todo el período conclusivo del siglo XIX y gran parte del XX, los efectos que en este campo de la protección puede haber ejercido el hecho de que la ciencia estuviera al servicio del lucro privado (Bernal , 1986), así como la mentalidad científica pesimista que predominó en la transición entre ambos siglos. Pero, no obstante, la ciencia y la técnica no dejaron de desarrollarse y se acentuó" la comprensión de la protección de la naturaleza como condición necesaria para el desarrollo de la economía.

Partimos del modo de producción como determinante de la sociedad misma, de sus ideas dominantes, sus concepciones y sus instituciones, y de las fuerzas productivas como principal factor (medios de producción y hombres), que expresa la relación de los productores con los objetos y con las fuerzas de la naturaleza y sus ecosistemas, utilizadas para producir bienes materiales necesarios. A la vez, dentro del modo de producción, consideramos las relaciones de producción, tomando como básicas las relaciones de propiedad sobre los medios de producción y su incidencia en nuestro objeto de estudio, así como otras categorías relacionadas, como distribución y consumo, vinculadas igualmente al problema de la protección.

Primordial resultan las políticas empleadas para gobernanza de la producción (la economía), incidiendo estas en gran medida a actuar como freno o desarrollo en la solución de la contradicción entre la necesidad de cantidades de recursos y la protección de la naturaleza. En relación con el aumento de la productividad, pensamos que este hecho, en el campo de la actividad agropecuaria, tiene incidencia directa en la no utilización de nuevas tierras vírgenes para dedicarse a la agricultura y la ganadería. En esto, también desempeña una importante función la selección genética de plantas y animales. Este trabajo de mejoramiento de razas y variedades se conjuga con procesos biotecnológicos para la multiplicación de las unidades reproductivas y el mejoramiento del potencial biótico.

Estos últimos avances han tenido aplicación en la salvación de especies amenazadas pero, en menor escala, su mayor utilización ha sido en el desarrollo de la producción y, de modo mediato, evitando la necesidad de desmontar ecosistemas naturales para lograr nuevas producciones. La racionalidad en la producción ahorra recursos que, de un modo o de otro, provienen de la naturaleza.

El hombre ha ido obteniendo modestos logros en este campo, pero para nada permiten versionar un futuro deseable. No obstante a estos logros, los daños a los recursos naturales básicos para la subsistencia humana han sido considerables. En el curso de quinientos años, en el mundo se han destruido cerca de dos tercios de los bosques existentes (Jachaturov, 1988).

La planificación económica, bajo la supervisión gubernamental, es un aspecto de obligada referencia en este complejo tema. Varios países trabajan en coalición el tema de la preservación de los ecosistemas desde una perspectiva de planificación económica, entre ellos Cuba, Ecuador, Venezuela, Argentina, Colombia, entre otros, resultando una vía organizada para proyectar y ejecutar la utilización integral de los ecosistemas, abarcando la tala, la agricultura en general, la piscicultura, la pesca y la caza, reforestación, la planificación de reservas, la protección e introducción controlada de nuevas especies, por solo mencionar algunos resultados.

Para lograr esa correcta planificación es necesario tener en cuenta entre otros elementos, la interpretación de que en la naturaleza todo está indisolublemente interrelacionado (integridad), los procesos y fenómenos ocurren con determinada periodicidad (ritmicidad), como sucede, por ejemplo, en el ciclo de los materiales; estos procesos no se interrumpen (continuidad), y el todo es único y a la vez diverso (diferenciación espacial), además de que la conservación de la materia viva refleja la esencia del problema de la protección del medio ambiente al decir de (Yablokov y Ostroumov, 1984); llegar a esta conclusión, resulta de importancia trascendental para orientar las acciones científicas, económicas y sociales, que tiendan a solucionar el equilibrio de nuestros ecosistemas ambientales.

2.2.3. Ecología y biodiversidad. Sólo apuntes.

Es importante apreciar el valor ecológico de la biodiversidad en sus tres niveles: ecosistémico, específico y genético, y entender el importante desempeño de la fauna en el equilibrio ecológico, mediante su participación en el ciclo de materiales, en la regulación de las poblaciones y en la reproducción de las plantas (polinización y dispersión de las semillas), así como formas no menos importantes de la utilización directa, como el control biológico de plagas y la comprensión cabal de la dimensión estética de la flora y la fauna, más allá de una función ornamental en los ámbitos antropizados.

En la actualidad, no puede hablarse de una teoría acabada sobre la conservación de los seres vivos; sin embargo, hay un grupo importante de postulados que resumen preliminarmente los conocimientos alcanzados; estos son, en síntesis:

- Existencia de la vida en forma de biogeocenosis.
- Variedad cualitativa, como base,
- Autoconservación, como propiedad principal de la vida.
- Carácter único del fondo de genes de cada especie.
- Existencia de estrechos vínculos interespecíficos.
- Integración de las poblaciones en un sistema.
- Tamaño de la población, como factor importante de conservación.
- Conservación de la naturaleza, como condición para un desarrollo socioeconómico armónico.
- Conservación de la materia, viva como aspecto prioritario a considerar en el sistema de valores y principios éticos del hombre.

De estos postulados, se derivan vías concretas para la protección de la fauna silvestre, entre las que se destacan: conservar las biogeocenosis, as! como la variedad cualitativa y el genofondo; priorizar la protección de poblaciones pequeñas y armonizar el desarrollo socioeconómico con las potencialidades naturales del territorio.

A la luz de un pensamiento ecológico más avanzado, hemos podido comprender el daño que causamos al medio ambiente, por la falta de planificación centralizada, la contaminación, la destrucción y la fragmentación del hábitat, el carácter privado de muchos recursos, en contradicción con la necesidad de protegerlos, el alto porcentaje de introducción, la gran carga recreativa en los ecosistemas y otros factores de esta índole, que se traducen, según A.V. Yablokov y S.A. Ostroumov (1984), en pérdidas económicas, pérdidas sociales no calculables y oportunidades perdidas. . Los cálculos más conservadores establecen entre 5 y 7 millones de dólares el costo de una especie que se extingue.

2.2.4. Socio pedagogía general y ecosistemas ambientales. Elementos para la reflexión educativa y guía epistemológica.

Internacionalmente no ha dejado de ser una preocupación para la enseñanza superior, como responder eficientemente y no con ciertas limitaciones, a la interrogante en cuanto a cómo influiren las nuevas generaciones, para incrementar la participación en la protección del medio ambiente y sus ecosistemas. Tema que a pesar de reconocer que se trabaja, no siempre se tienen en cuenta algunos elementos técnicos necesarios para lograr este fin.

Nuestra intención de abordar determinados conocimientos y habilidades básicas, vinculados a actitudes y conductas que favorezcan la intervención de los alumnos en la protección del medio ambiente y sus ecosistemas, tiene sus bases psicológicas en los aspectos estructurales y funcionales de la personalidad, en especial, en la mediatización de las operaciones cognoscitivas en las funciones reguladoras, en un nivel consciente volitivo, que se exprese en valores positivos elevados, que se determinen los conocimientos, las habilidades y sus vías de tratamiento, precisamente en función de esos procesos valorativos, teniendo en cuenta que "la información que no se integra en sistemas personalizados se conserva como esencialmente reproductiva y pasiva, careciendo de valor para la regulación del comportamiento" (Mitjáns, 1989).

Existen numerosas definiciones de actitud, en las cuales esta se concibe como: expresión integral de la personalidad, preparación para realizar ciertos actos, predisposición que orienta el comportamiento del sujeto, disposición en relación con el objeto y otras. La variedad de definiciones tiene, como elemento común, la manifestación concreta de la personalidad hacia los objetos, los sujetos y las situaciones, de un modo integral, que incluye lo comportamental, lo valorativo y lo emocional.

Existen numerosas teorías y enfoques que tratan de explicar la formación y el cambio de actitudes; el estudio de las posiciones de varios autores[10], nos condujeron a concluir que en esta labor son importantes:

- Las vivencias y las experiencias que adquieren relevancia para el alumno.
- Los contenidos de la información que modifican sus creencias.
- La imitación de personas con quienes el alumno se identifica.
- Las acciones didácticas que vinculen la enseñanza con las necesidades del alumno, principalmente con las necesidades superiores que garantizan la expresión activa y creadora de la personalidad.

Somos del criterio de que aquellos contenidos que inciden marcadamente en la formación de actitudes (por ejemplo: importancia de los ecosistemas boscosos), deben enseñarse en relación con las necesidades básicas del hombre. Estudios importantes realizados por uno de los más destacados teóricos de la psicología del desarrollo, fundador de la psicología histórico-cultural y claro precursor de la neuropsicología soviética (Vygotski, 1988), siempre enfatizó en lo primordial en la actividad y su unidad indisoluble con la psiquis, la que se forma y se manifiesta en la actividad, bajo la influencia de los factores histórico-culturales y sociales que posibilitan el desarrollo. El enfoque histórico-cultural estableció una relación entre la actividad y la comunicación, en el proceso de interiorización de las formas sociales de actuación, en el proceso de socialización, por lo que puede afirmarse que la

[10] Ver: Distintos análisis y doctrinas abordadas por los siguientes autores sobre las actitudes y sus cambios: Lamberth, J. (1980): "Psicología Social", Editorial Pirámide, Madrid; Domínguez, D. (2000): " Pedagogía Ambiental: propuestas de cambio para una sociedad comprometida", Cooperativa Universitaria Sant Jordi, Barcelona; Morales, P. (2000): "Medición de actitudes y educación: Construcción de escalas y problemas metodológicos", Universidad Pontificia Comillas, Madrid; Llopis, J y Ballester, M. (2001): "Valores y actitudes en educación: Teorías y estrategias educativas, Editorial Tirant lo Blanch, Valencia; Cano, J. (2002): "La ecoescuela. Una fórmula para la educación ambiental", Sevilla: Junta de Andalucía- CECJA; Fernández, R.; Hueto, A.; Rodríguez, L. y Marcén, C. (2003). ¿Qué miden las escalas de actitudes? Análisis de un ejemplo para conocer la actitud hacia los residuos urbanos. Ecosistemas 2003/2. Disponible en www.aeet.org/Ecosistemas/032/educativa1.htm. Consultado en 27/11/2016 a las 20:28.

comunicación es uno de los elementos desarrollados por este enfoque [11].

Partiendo como base del enfoque histórico-cultural, este nos ilustra los elementos a considerar en la organización de los aspectos didácticos a tener en cuenta cuando requerimos preparar en temas ecosistémicos ambientales; uno de estos aspectos a destacar es el estudio de la acción y sus características, que se concibe en tres etapas fundamentales: orientación, ejecución y control, sobre una base motivacional, una orientación adecuada y un control variado.

En relación con las características de la acción y sus etapas de formación, destacamos la importancia de la forma material o materializada: dar al alumno objetos reales, modelos y esquemas, a partir de una base orientadora de la acción con un sistema de indicaciones que tenga en cuenta que las tendencias cambiantes, según (Rico, Silvestre, 1997), proponen la participación de los alumnos en la fase de orientación.

La importancia axiológica de estos elementos la encontramos según nuestro juicio, en el carácter consciente de la acción, ya que para el cumplimiento de nuestros fines sicopedagógicos tiene gran importancia, al cumplir la acción: comprenderla, fundamentarla, saber (alumnos y profesores) lo que estamos haciendo y por qué.

---

[11] En los textos de Vygotski se encuentran presentes varios conceptos de especial relevancia que constituyen sus posiciones teóricas, tales como *herramientas psicológicas, mediación e internalización*. Uno de los más importantes conceptos sobre el cual trabajó y al cual dio nombre es el conocido como zona de desarrollo próximo, el cual se engloba dentro de su teoría sobre el aprendizaje como camino hacia el desarrollo. Por otra parte, su trabajo contempló a lo largo de su vida otros temas, como: el origen y el desarrollo de las funciones mentales superiores; la filosofía de la ciencia; metodologías de la investigación psicológica; la relación entre el aprendizaje y el desarrollo humano; la formación conceptual; la relación entre el lenguaje y el pensamiento; la psicología del arte; el juego entendido como un fenómeno psicológico; el estudio de los trastornos del aprendizaje y el desarrollo humano anormal (rama que era denominada *defectología*)

Vygotski señalaba que la inteligencia se desarrolla gracias a ciertos instrumentos o herramientas psicológicas que el/la niño/a encuentra en su medio ambiente (entorno), entre los que el lenguaje se considera la herramienta fundamental. Estas herramientas amplían las habilidades mentales como la atención, memoria, concentración, etc. De esta manera, la actividad práctica en la que se involucra el/la niño/a sería *interiorizada* en actividades mentales cada vez más complejas gracias a las palabras, fuente de la formación conceptual. La carencia de dichas herramientas influye directamente en el nivel de pensamiento abstracto que el niño pueda alcanzar.

Continuando el referente doctrinal de la teoría marxista-leninista del conocimiento, analizamos la práctica como criterio de la verdad, considerada como fuente del conocimiento y esfera de aplicación. La práctica, como criterio de la verdad, es base del principio de la relación de la teoría con la práctica, a partir del cual, ratificamos la orientación de analizar la práctica, para la determinación de los objetivos, asi como de planificar actividades aplicativas del contenido, enriquecerlo y perfeccionarlo en la práctica, y ejemplificar con situaciones vinculadas preferiblemente a lo contextual, todo lo cual favorece la participación de los alumnos.

A pesar del respeto debido, no asumimos la posición de algunos expertos que plantean que la educación ambiental sustituye el principio de la vinculación de la teoría con la práctica; este principio nos ha orientado hacia una concepción adecuada de la educación para el medio ambiente, en cuanto a combatir las tendencias hacia el teoricismo o el pragmatismo, en este y en otros muchos campos del quehacer pedagógico.

Para contribuir a la participación del sujeto en los aspectos que delimita nuestro objeto, vemos la necesidad de realizar un abordaje didáctico, cuyo punto de partida sea el análisis de la práctica real, histórica, relacionada con los problemas del medio ambiente, sus ecosistemas, y orientándonos, en este caso, hacia aquellos que más afectan en un territorio determinado.

A partir del análisis de las posiciones de (Talízina, 1980) y teniendo en cuenta las leyes de la didáctica[12], valoramos la importancia de que se determinen: un modelo de los objetivos, un modelo de los contenidos y un modelo del proceso, en correspondencia con el enfoque histórico-cultural; y

---

[12] De acuerdo con el criterio de algunos autores, se ha arribado a diferentes sistemas de leyes o relaciones didácticas: (Babanski, 1982), (Klingberg, 1985), (Álvarez,1999) : En función de nuestros propósitos, hemos declarado un sistema de leyes / relaciones dialécticas que se manifiestan en el proceso de enseñanza aprendizaje y que, evidentemente, tiene puntos de contacto con otros sistemas expuestos por otros autores, en este caso la singularidad de nuestro sistema está en la apreciación que se tiene del comportamiento de las relaciones que se establecen entre los componentes del proceso; entre las que se destacan: Relación objetivo – contenido – método; Relación diagnóstico – elemento causal – resultado; Relación educación – desarrollo; Relación entre lo general y lo particular del contenido; Relación entre la inducción y la deducción y Relación escuela – familia – comunidad / sociedad.

con la ley didáctica sobre las relaciones del proceso docente-educativo con el contexto social (Álvarez, 1996). La relación entre la sociedad y la escuela se debe abordar con la comprensión de que la sociedad no se conciba aisladamente, sino en interacción compleja con la naturaleza; a este complejo de interacción es al que denominamos medio ambiente.

La relación entre la derivación y la integración en el proceso docente-educativo es retomada en nuestra posición teórica, para argumentar cómo nuestras recomendaciones doctrinales pueden lograr la aplicación de sus contenidos en el contexto territorial, a la vez que contribuye a que la enseñanza tienda, en su integración, a acercarse a la vida.

Aun cuando se incorporan elementos teóricos básicos para lograr nuestros objetivos, opinamos que una propuesta de este tipo debe ser esencialmente integradora, de manera que posibilite el contacto de los alumnos con determinados objetos reales en el contexto territorial. La vinculación de la escuela con la vida incluye la relación de la escuela con una realidad, en la que los problemas del medio ambiente tienen una importancia crucial para la salvación de la propia vida y lo que compromete en el futuro de la humanidad.

Es primordial considerar la relación entre la instrucción y la educación en el proceso docente- educativo; esta exige la utilización de las potencialidades educativas del contenido de la enseñanza y establece que las asignaturas encierran grandes posibilidades de actuar sobre la conducta de los alumnos. (Álvarez, 1996)

Al abordar los fundamentos pedagógicos generales que sustentan nuestras reflexiones, destacamos la ley de la relación entre la instrucción y la educación, a partir de la cual se hace evidente la necesidad de un contenido que sea connotado por los alumnos. El plano institucional elegido, la escuela, es el ámbito lógico, ya que es la institución central del sistema de influencias educativas. Esta debe plantearse la formación integral de los alumnos, con orientaciones valorativas expresadas en sus formas de sentir, pensar y actuar, que se correspondan con un sistema de valores e ideales positivos en relación con el medio ambiente, sus ecosistemas y el desarrollo sostenible.

Una tarea importante de nuestra labor es la selección, la elaboración y la síntesis de aquellos principios y normas que se relacionan con este objetivo y promover su ejercitación en la práctica. Aun cuando existen elementos de planificación para un enfoque ambiental de la asignatura, en la práctica existen dificultades más o menos patentes; entre las que analizamos: partir de un problema no integrador de enseñanza, contenidos centralizados, métodos que exigen la actividad cognoscitiva reproductiva, al tratar los temas de importancia y protección, formas de organización limitadas a la clase y deberes (tareas) individuales para la casa, las cuáles evaluamos de manera esquemática, sin tener en cuenta argumentos motivacionales en el alumnado. También planteamos otras dificultades como la carencia de materiales didácticos contextualizados, el sistema comunicativo con un modelo de interacción centrado en el profesor, el cual presenta dificultades en su preparación para el tratamiento de estos contenidos.

Con estas reflexiones académicas, sería importante que desde la didáctica se busque el perfeccionar la práctica tradicionalista con un enfoque biosferocentrista; lograr la integración en un plano contextual, descentralizado en problemas ambientales territoriales, con lo cual se contribuye a solucionar la importante contradicción entre centralización y descentralización del proceso docente-educativo; jerarquizar estos problemas; orientar el proceso hacia la sostenibilidad y la calidad de la vida y priorizar la participación.

La vía para lograr este fin, sería la consideración de los métodos de enseñanza. Partiendo de la clasificación de los métodos según el grado de participación, el método expositivo, la elaboración conjunta y el trabajo independiente marcan un ascenso escalonado de la participación de los alumnos.

Asumimos la posición de (Hernández, 1997), en cuanto a tener en cuenta la sucesión científica de la complejidad de las tareas, el aumento gradual de la independencia, y la orientación hacia la solución de problemas. Es medular que los alumnos planifiquen, organicen y rectifiquen sus acciones, evitando aquella participación que "tiende a concentrarse en la fase ejecutiva del proceso, desconociéndose en muchas ocasiones, la necesidad de que se involucren en la fase de orientación y de que sean activos participantes en el control de la actividad de aprendizaje" (Rico, Silvestre, 1997).

Resumimos a continuación los elementos fundamentales por los cuales consideramos debe regirse el diseño de una propuesta socio pedagógica para la protección del medio ambiente y sus ecosistemas:

- La naturaleza social de la psiquis, partiendo de la interacción con la realidad mediante la actividad y la comunicación; la mediatización de las operaciones cognoscitivas en las funciones reguladoras del comportamiento, vinculada a la formación de intereses de los alumnos hacia las actividades educativas y esencialmente que estos intereses se vinculen a necesidades. La necesidad de una base orientadora efectiva que enfatice en el carácter consciente de las acciones. Tener en cuenta a la adolescencia como etapa de formas superiores en los procesos cognoscitivos, en la cual se agudiza la función crítica del pensamiento.
- La ley didáctica de la relación del proceso docente-educativo con el contexto social y la contradicción entre centralización y descentralización del proceso docente-educativo. Esta relación implica al medio ambiente y sus ecosistemas, como complejo de interacciones sociedad-naturaleza.
- La relación entre la derivación y la integración en el proceso docente-educativo, retomada para argumentar la aplicación de los contenidos en el contexto territorial, lo que contribuye a que la asignatura sea un sistema que tienda, en su integración, a acercarse a la vida.
- La ley didáctica sobre la educación mediante la instrucción (Álvarez, 1996); asumiendo a la vez:

- La relación entre la profundización en los conocimientos y el desarrollo de habilidades con la formación de convicciones y puntos de vista, así como de las actitudes que favorecen la participación.

- La contribución de las asignaturas a la instrucción acerca de la protección de la naturaleza, partiendo de sus propios contenidos, y la importancia de aprovechar sus potencialidades educativas.
-

2.2.5. Breves consideraciones didácticas para la educación ambientalista y ecosistémica.

El análisis histórico de la relación hombre-ambiente nos condujo a un conjunto de ideas y posiciones, que pasaron a formar parte de la fundamentación de estas breves consideraciones didácticas. Entre las afirmaciones más generales en este campo resumimos:

- El incremento de los conocimientos ecológicos viabiliza, de forma creciente, la posibilidad de optimización de las relaciones del hombre con el resto de los representantes de la biosfera.
- La ciencia y la tecnología han gestado el caudal cognoscitivo que permitir un nuevo tipo de relación, sobre una base más sólida.

El biosferocentrismo lo reflejamos al estudiarlo como un enfoque de la relación hombre- naturaleza, que toma en consideración a todas las formas de vida con que compartimos este planeta. En este accionar la educación ambiental y ecosistémica tiene una importante función, constituyendo unas de las grandes contribuciones del siglo XX.

Las problemáticas ambientales pueden constituirse en problemas de enseñanza en las diferentes asignaturas. Los enfoques interdisciplinario, multidisciplinario y transdisciplinario de la educación ambiental, son importantes en la materialización de esta idea. Una de las importantes contribuciones de la Conferencia Intergubernamental de Educación Ambiental de (Tbilisi, 1977)[13] fue la elaboración y el establecimiento de principios, que

---

[13] En la misma se declararon elementos importantes, tales como: La educación ambiental debe impartirse a personas de todas las edades, a todos los niveles y en el marco de la educación formal y no formal. Los medios de comunicación social tienen la gran responsabilidad de poner sus enormes recursos al servicio de esa misión educativa. Los especialistas en cuestiones del medio

ayudan a orientar la labor educativa en este campo.

En lo relacionado con el enfoque de la educación ambiental a distintos niveles, enfatizando en lo local, se afrontan contradicciones en varios países, entre el carácter nacional de los programas de las asignaturas y el marco contextual del proceso docente-educativo. De aquí, derivamos que la educación ambiental debe estructurarse con un nivel adecuado de descentralización del proceso docente educativo, tomando como punto de partida el enfoque territorial; se define al territorio, de modo general, como la porción de naturaleza y espacio en que una sociedad, o parte definida de ella, encuentra los recursos y las condiciones para satisfacer sus necesidades, y apreciamos su importancia como marco de proyectos de educación ambiental, teniendo en cuenta, entre otros aspectos, la diferenciación territorial de los problemas ambientales.

Hay una relación importante entre la descentralización de la educación ambiental y la participación de los alumnos en la organización de experiencias y soluciones alternativas. Es evidente que la participación debe estar altamente ligada a la contextualización de las propuestas, que también es un marco en que los alumnos pueden cumplir un principio importante, el de

---

ambiente, así como aquellos cuyas acciones y decisiones pueden repercutir de manera perceptible en el medio ambiente, han de recibir en el curso de su formación los conocimientos y aptitudes necesarios y adquirir plenamente el sentido de sus responsabilidades a ese respecto. La educación ambiental, debidamente entendida, debería constituir una educación permanente general que reaccionara a los cambios que se producen en un mundo en rápida evolución. Esa educación debería preparar al individuo mediante la comprensión de los principales problemas del mundo contemporáneo, proporcionándole conocimientos técnicos y las cualidades necesarias para desempeñar una función productiva con miras a mejorar la vida y proteger el medio ambiente, prestando la debida atención a los valores éticos. Al adoptar un enfoque global, enraizado en una amplia base interdisciplinaria, la educación ambiental crea de nuevo una perspectiva general dentro de la cual se reconoce la existencia de una profunda interdependencia entre el medio natural y el medio artificial. Esa educación contribuye a poner de manifiesto la continuidad permanente que vincula los actos del presente a las consecuencias del futuro; demuestra además la interdependencia entre las comunidades nacionales y la necesaria solidaridad entre todo el género humano. La educación ambiental ha de orientarse hacia la comunidad. Debería interesar al individuo en un proceso activo para resolver los problemas en el contexto de realidades específicas y debería fomentar la iniciativa, el sentido de la responsabilidad y el empeño de edificar un mañana mejor. Por su propia naturaleza, la educación ambiental puede contribuir poderosamente a renovar el proceso educativo.

descubrir síntomas y causas de los problemas ambientales en correspondencia con los contenidos que estudian en los centros docentes. Vincular la educación ambiental al territorio provincial, municipal, cantonal, parroquial, entre otros, favorece la integración de sus contenidos, ante los problemas ambientales de esos ámbitos, y la participación de los alumnos en la solución de esos problemas, trabajándose aparejadamente el valor responsabilidad en este.

Evaluamos colateralmente en nuestro trabajo estos aspectos y a la vez decidimos incluir:

- Énfasis en las problemáticas de carácter territorial.
- Jerarquización de estas problemáticas.
- Enfoque biosferocentrista de la relación hombre-naturaleza.
- Desarrollo sostenible vinculado a la calidad de la vida.
- Actualización permanente a la luz de un enfoque dinámico de la problemática ambiental.
- Priorización del aspecto participativo, bajo el enfoque de la investigación-acción.
- Desarrollo de habilidades intelectuales, enfatizando en la valoración (de efectos, causas y soluciones posibles).

Estos son elementos a reflexionar y considerar en la selección del contenido didáctico orientados hacia problemas del medio ambiente y sus ecosistemas. No obstante reconocemos otras habilidades importantes, estas son: observar (zonas, objetos), identificar (especies, otros objetos) y argumentar (importancia, relaciones, interacciones); además, una habilidad integradora: proteger.

En nuestro trabajo no pretendemos agotar esta importante temática, correspondiéndonos solamente el deber de incentivar a la comunidad científica internacional a reflexionar y ampliar sobre las distintas aristas en que el mismo puede ser doctrinalmente tratado.

La vitalidad y oportunidad de lograr la relación de la estructuración del trabajo académico de educación ambiental sobre la base de solucionar problemas concretos que se presentan a nivel local y provincia, con la promoción del estudio de la legalidad ambiental y su cumplimiento, en alumnos, profesores y profesionales en sentido general, es un punto de partida conclusivo al cual arribamos, el cual permite su identificación y ejecución de tareas operativamente más viables y solubles.

Desde la educación se hace necesario la constante promoción a incorporar las actualizaciones de temas medioambientales en los planes de estudios, radicando su éxito en su apoyo en métodos participativos de enseñanza (de elaboración conjunta y de trabajo independiente, entre otros) ; así mismo, debe aprovechar las experiencias de la investigación-acción (apoyados en el trabajo extraescolar), tomando de ella su enfoque generalizado, e incluyendo el estudio de caso extensivo, por sus ventajas en cuanto a su carácter concreto, clarificador y de comprometer a los alumnos en las acciones de solución.

Opinamos que una propuesta didáctica integradora, en el campo de la educación ambiental, puede apoyarse en muchos elementos de la investigación participativa (el carácter democrático, el aprender haciendo, el énfasis en la comunicación interpersonal, los estudios en situaciones naturales y el carácter transformador), la que, como variante de la investigación-acción, hace confluir tres procesos: el investigativo, el educativo y el de desarrollo y transformación de la realidad.

2.2.6. Recomendaciones tentativas.

- La problemática del medio ambiente debe ser analizada como la principal fuente del contenido de la educación ambiental, atendiendo a su dinámica y a su jerarquización.
- Constituye una tarea impostergable la determinación del contenido ambientalista de cada disciplina y asignatura, con enfoque interdisciplinario y transdisciplinario, así como la metodología del

tratamiento de estos contenidos, los cuales deben estar en correspondencia con la problemática ambiental vinculada a la materia o la especialidad, contextualizados e integrados a un nivel territorial.

- El biosferocentrismo debe asumirse como un importante aspecto del contenido de la enseñanza, ante las relaciones contradictorias entre lo antrópico y lo biosférico.
- El desarrollo sostenible, teniendo como centro la calidad de la vida, es un elemento básico de la educación ambiental contemporánea.
- A partir de la comprensión del concepto de desarrollo sostenible, la educación ambiental exige un contenido que incorpore prioritariamente lo territorial (en los territorios agropecuarios se deben incluir temas tales como: la lombricultura, el control biológico de plagas, la cría de fauna silvestre en libertad, la acuicultura, la repoblación faunística y forestal, y el incremento de la productividad agropecuaria, entre otros).
- Es conveniente estimular el desarrollo de las posibilidades creativas del profesor y las potencialidades participativas de los alumnos, como sujetos del proceso docente- educativo; que actúen como pensadores activos, reveladores de conocimientos y soluciones, con iniciativa y responsabilidad, de modo que admitan el correspondiente grado de incertidumbre.
- Debemos enfatizar en la toma de decisiones y la realización de acciones ante problemas ambientales, en correspondencia con la investigación participativa. Que el proceso docente-educativo establezca nuevos tipos de relaciones sobre el principio de la participación.
- En la formación permanente de los alumnos y los profesores, deben tenerse en cuenta las particularidades de la cultura de los factores involucrados.

REFERENCIAS BIBLIOGRÁFICAS

3 Tomos, Tomo 3 / Carlos Marx y Federico Engels. Moscú: Editorial Progreso, 1974.—pp.355-395.

Ademar, H. (2017). Educación secundaria auténtica: el abordaje de los temas transversales desde una perspectiva bioética. El caso de la transformación curricular en la provincia de Córdoba (Argentina). Rev Latinoam Bioét, Vol 13, No 2, recuperado de:http://www.scielo.org.co/scielo.php?script=sci_art text&pid=S1657-47022013000200002&lng=en& nrm=iso&tlng=es, fecha de captura 27 de septiembre de 2017.

Álvarez de Zayas, C. (1996): "Hacia una escuela de excelencia", Editorial Academia, La Habana.

Ángel Maya, Augusto. La fragilidad ambiental de la cultura / Augusto Angel Maya. -- Bogotá, Colombia: Edit. Universidad Nacional, Instituto de Estudios Ambientales (IDEA), 1995,p. 129.

Ángel Maya, Augusto. La trama de la vida. Bases ecológicas del pensamiento ambiental. Cuadernos Ambientales. Serie Ecosistema y Cultura (Colombia) (1): 1993, p.77.

Beltrán, M. (1988). Ciencia y Sociología. Madrid, España: Edit. Siglo XXI, 1988, p. 393.

Bernal, J. (1986): "Historia social de la ciencia", Editorial Ciencias Sociales, La Habana. Engels, F. (1976): "Dialéctica de la naturaleza". Editorial Política, La Habana.

Boyd, J., & Banzhaf, S. (2007). What are ecosystem servi- ces? The need for standardized environmental accoun- ting units. Ecological Economics, 63(2-3). Recuperado de http://www.sciencedirect.com/science/article/pii/ S0921-8009(07)00034-1, fecha de captura 27 de septiembre de 2017.

Bullock, J., Aronson, J., Newton, A., Pywell, R., & Rey-Be- nayas, J. (2011). Restoration of ecosystem services and biodiversity: conflicts and opportunities.

Trends in Eco- logy and Evolution, 26 (10), 541-549. Recuperado de http://lerf.eco.br/img/publicacoes/2011_1311%20Restoration%20of%20ecosystem%20services%20and%20biodiversity%20conflicts%20and%20opportunities.pdf, fecha de captura 27 de septiembre de 2017.

Cabrini, S, Calcaterra C, Lema, D. (2013). Costos Ambientales y Eficiencia Productiva en la Producción Agraria del Partido de Pergamino. Revibec, recuperado de: http://www.redibec.org/IVO/rev20_03.pdf, fecha de captura 27 de septiembre de 2017, fecha de captura 27 de septiembre de 2017.

Campbell, Bernard. (1985).Ecología Humana. La posición del hombre en la naturaleza / Bernard Campbell.-- Barcelona, España: Salvat Editores SA, p. 275.

Castillo, A., Magaña, A., Pujadas, A., Martínez, L, Godínez, C. (2005). Undertanding the interaction of ru- ral people with ecosystems: a case study in a tropical dry forest of Mexico. Ecosystems, 8. Recuperado de http://agris.fao.org/agris-search/search.do?recordI- D=US201301064952, fecha de captura 7 de noviembre de 2017.

Colectivo de autores. (2007). Derecho ambiental. La Habana: Félix Varela.

Conferencia de las Naciones Unidas sobre el Medio Ambiente. (1972). Declaración de Estocolmo sobre el medio ambiente humano. Recuperado de http://www.ordenjuridico.gob.mx/TratInt/Derechos%20Humanos/INST%2005.pdf, fecha de captura 7 de noviembre de 2017.

Conferencia de las Naciones Unidas sobre el Medio Ambiente. (1997). Declaración de Rio sobre el Medio Am- biente y el Desarrollo. Recuperado de http://www.unes- co.org/education, fecha de captura 7 de noviembre de 2017.

Daily, G. (1997). Nature's services: societal dependence on natural ecosystems. Washington, D.C: Island Press.

Dalle, S., De Blois, S., Caballero, J., & Johns, T. (2006). Integrating analyses of local land - use regulations, cultural perceptions and land – use/land cover data for assessing the success of community - based conser- vation. Forest Ecology and Management. 222, 370-383. Recuperado de www.academia.edu/21935245/ Integrating_analyses_of_local_land-use_regulations_cultural_perceptions_and_landuse_land_cover_datafor_assessing_the_success_of_community-based_ conservation, fecha de captura 7 de noviembre de 2017.

De Mola, E, Méndez, I, Rivero, M. (2013). La evaluación del desempeño profesional del educador ambiental. Transformación, Vol 9, No 2, recuperado de: http://revistas.reduc.edu.cu/index.php/transformacion/article/download/1636/1615, fecha de captura 7 de noviembre de 2017.

Delamata, G. (2014). Actualizando el derecho al ambiente. Movilización social, activismo legal y derecho constitucional al ambiente de «sustentabilidad fuerte» en el sector extractivista megaminero. Entramados y Perspectivas, Vol 3, recuperado de. http://publicaciones.sociales.uba.ar/index.php/entramadosyperspectivas/article/view/150/134, fecha de captura 7 de noviembre de 2017.

Doval A. (1994). Estructura de las conductas típicas con especial referencia a los fraudes alimentarios. En Boix Reig, J. (dir.), Intereses difusos y Derecho Penal. (25- 71). Madrid: Consejo General del Poder Judicial.

Engels, F. (1963). AntiDuhring / Federico Engels.-- La Habana, Cuba: Editora Política, 1963, p. 522.

Engels, F. (1974). El papel del trabajo en la transformación del mono en hombre. En: Obras Escogidas en 3 Tomos, Tomo 3 / Carlos Marx y Federico Engels. Moscú: Editorial Progreso, pp.66-79.

Engels, F., & Marx, K. (1968). *Ludwig Feuerbach y el fin de la filosofía clásica alemana* (Vol. 6). Ricardo Aguilera.

Evaluación de los Ecosistemas del Milenio, 2005, website http://www.millenniumassessment.org/documents/document.439.aspx.pd, fecha de captura 27 de septiembre de 2017.

Fernández, A. (1996). Derecho ambiental internacional. Declaración de Estocolmo. Volumen I, La Habana: Ediciones AFR.

Fernández, J. (2013). Agua y Educación Ambiental. Construyendo conocimiento mediante la investigación en la escuela. Editorial Burgos A, Moreno JE, Vega DR, editors. Instituciones Educativas Vivas. Colombia: Fundación Universitaria Juan de Castellanos; 2013.

Geist, H, Lambin, E. (2002). Proximate Causes and Un- derlying Driving Forces of Tropical Deforestation. BioS- cience, 52(2). 143-150. Recuperado de http://www. bioone.org/doi/abs/10.1641/0006-3568%282002%290 52[0143%3APCAUDF]2.0.CO%3B2, fecha de captura 7 de noviembre de 2017.

Gil, D, Vilches, A. (2006). Algunos obstáculos e incomprensiones en torno a la sostenibilidad. Revista Eureka sobre Enseñanza y Divulgación de la Ciencia, Vol 3, No 3, Valencia, España, https://revistas.uca.es/index.php/eureka/article/viewFile/3854/3432, fecha de captura 7 de noviembre de 2017.

Guerásimov, I. (1976): "El hombre, la sociedad y el medio ambiente". Editorial. Progreso, Moscú. Hernández, F. (1997): "Entorno al entorno", Editorial Laertes, Barcelona.

Holbach, B. (1982). Sistema de la naturaleza, Leyes del mundo físico y del mundo moral. Tomo II. Madrid: Edi-tora Nacional.

Iglesias, E. (1996). Intervención en la Inauguración de la Conferencia de NN.UU para el Medio Ambiente y el Desarrollo. Banco Interamericano de

Desarrollo, en Derecho ambiental internacional. Volumen I. La Habana: Ediciones AFR.

Jachaturov, T. (1988): "Economía de los recursos naturales", Editorial Ciencias Sociales, La Habana.

Juste, J. (1998). La protección del medio ambiente en su dimensión internacional, Curso de Maestría. La Haba- na.

Martínez, J, Roca J.(2013). Economía ecológica y política ambiental. 3ra. ed. México: FCE.

Mauvois Guitteaud, Roger. Escenarios de la relación hombre-naturaleza. En: Hacia una cultura ecológica / M. Aguilar, y G. Maihold (coord.).México: Fundación Friedrich Ebert, Edit. CCYDEL, 1989.pp.25-70.

MCPFE (Conferencia Ministerial sobre la Protección de Bosques en Europa). 2000a. General Declarations and Resolutions adopted at the Ministerial Conferences on the Protection of Forests in Europe, Strasbourg 1990 – Helsinki 1993 – Lisbon 1998. Viena, Austria, Unidad de Enlace de la MCPFE.

Millennium Ecosystem Assessment. (2003). Ecosystems and Human Well-being: a Framework for Assessment. Washington, D.C: Island Press.

Mitjáns Martínez, A. (1995): "Creatividad, personalidad y educación", Editorial Pueblo y Educación, La Habana.

Núñez, V., & Hernández, A. (2016). La responsabilidad pe- nal de la persona jurídica en los delitos medioambien- tales. Recuperado de http://publicaciones.derecho.org/ cubalez/N%BA-05-Jul-sep-1998/4, fecha de captura 7 de noviembre de 2017.

Organización de las Naciones Unidas para la Alimentación y la Agricultura; Evaluación de los recursos forestales mundiales 2015: ¿Cómo están cambiando los bosques en el mundo?, Roma, 2016, website: http://www.fao.org/3/a- i4793s.pdf, fecha de captura 10 de diciembre de 2017.

Orudzhev, Zaid M. La Dialéctica como sistema. Zaid Orudzhev-- La Habana, Cuba: Edit. CienciasSociales, 1978, p.295.

Parra, M. (2013). Las asesorías pedagógicas plan lector, una estrategia de transversalización del conocimiento en la escuela internacional de marketing y administración de la Universidad Sergio Arboleda Santa Marta. Colombia, http://eventos.uninorte.edu.co/index.php/congresolecturayescrituraba rranq/lectura2013/paper/vie w/510, fecha de captura 10 de diciembre de 2017.

Paskang, K, Rodsievich, N. (1983): "Protección y transformación de la naturaleza", Editorial Pueblo y Educación, La Habana.

Philpott, S., Lin, B., Jha, S., & Brines, S. (2008). A multi - scale assessment of hurricane impacts on agricultural landscapes based on land use and topographic featu- res. Ecosystems and Environment, 128, 12-20. http://www.biosci.utexas.edu/jha/wp-con tent/uploads/Philpott_etal_2008_Hurricanes.pdf, fecha de captura 10 de diciembre de 2017.

Programa de las Naciones Unidas para el Desarrollo. (1987). Informe de Brundtland. Oxford: Oxford Univer- sity Press

Quijas, S., Schmid, B., & Balvanera, P. (2010). Plant di- versity enhances provision of ecosystem services: a new synthesis. Basic and Applied Ecology, 11, 582–593. http://esanalysis.colmex.mx/Sor- ted%20Papers/2010/2010%20CHE%20MEX%20-Bio- div%20Phys.pdf, fecha de captura 10 de diciembre de 2017.

Ribeiro, D. (1992):" El proceso civilizatorio". Editorial Ciencias Sociales, La Habana.

Rico Montero, P y Silvestre Oramas, M. (1997): "Proceso de enseñanza-aprendizaje, breve referencia del estado actual del problema", Instituto Central de Ciencias Pedagógicas (Material mimeografiado), La Habana.

Rodríguez, F. (2011). Educación Ambiental para la acción ciudadana: Concepciones del Profesorado en Formación Sobre la Problemática de la Energía [Tesis]. España: Universidad de Sevilla, http://fondosdigitales.us.es/tesis/tesis/1609/educ acion-ambiental-para-la-accion-ciudadana-conce pciones-del-profesorado-en-formacion-sobre-la-pr oblematica-de-la-energia/, fecha de captura 10 de diciembre de 2017.

Sierra, L. (2012). La educación ambiental o la educación para el desarrollo sostenible: su interpretación desde la visión sistémica y holística del concepto de medio ambiente. Educación y Futuro. Revista de Investigación Aplicada y Experiencias Educativas, Vol 26, https://dialnet.unirioja.es/descarga/articulo/3923 387.pdf, fecha de captura 10 de diciembre de 2017.

Talízina, N. (1988): "Psicología de la enseñanza". Editorial Progreso, Moscú.

Unceta, K. (2013). Decrecimiento y buen vivir ¿paradigmas convergentes? Debates sobre el postdesarrollo en Europa y América Latina. Revista de Economía Mundial, Vol 35, http://rabida.uhu.es/dspace/bitstream/handle/102 72/7707/Decrecimiento_y_buen_vivir.pdf?sequen ce=2, fecha de captura 10 de diciembre de 2017.

Varela, F. (1992): "Miscelánea filosófica", Editorial Pueblo y Educación, La Habana. Vigotsky, S. (1988): "Historia del desarrollo de las funciones psíquicas superiores", Editorial Científico-Técnica, La Habana.

Wunder, S., Wertz-Kanounnikoff, S., & Moreno-Sánchez,R. (2007). Pagos por servicios ambientales: una nueva forma de conservar la biodiversidad. Gaceta Ecológi- ca, 84 – 85, 39-52. http://www.redalyc. org/pdf/539/53908505.pdf, fecha de captura 10 de diciembre de 2017.

Yablokov, A. y Ostroumov, S. (1984): "Conservación de la naturaleza viva: problemas y perspectivas", Editorial Unestorgizdad, Moscú.

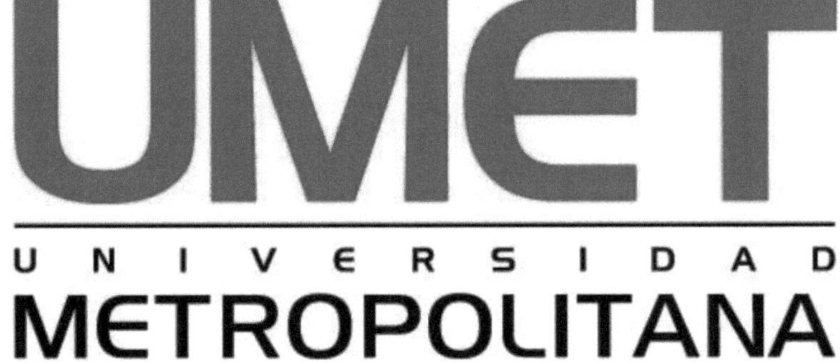
UMET
UNIVERSIDAD
METROPOLITANA

Printed by Books on Demand GmbH, Norderstedt / Germany